Leitfaden Gestalten von Eisenbahnbrücken
鉄道橋のデザインガイド ドイツ鉄道の美の設計哲学

ドイツ鉄道……編　　ヨルク・シュライヒ……他著　　増渕 基……訳

鹿島出版会

日本語版に寄せて

鉄道橋は大規模で、寿命も長い。それゆえ、インフラストラクチャーの大切な要素であり、文化の一端を担っているのである。
建設の芸術とは、切り離せるものではなく、形態と構造システムは一体であることで、はじめて意味を成す。
形態に一致した構造と経済性の両立は、機能とデザインの調和に匹敵するテーゼである。このデザインのガイドラインが
日本のエンジニア諸兄への刺激となり、高い技術革新の可能性を秘めた美しい橋梁の誕生に寄与することを願ってやまない。

ヨルク・シュライヒ

Leitfaden Gestalten von Eisenbahnbrücken
Originally Published in Germany by
DB Netze AG, Frankfurt, 2008
Published in Japan by
Kajima Institute Publishing Co., Ltd., 2013
©DB Netze AG, Frankfurt, 2008

目次

	日本語版に寄せて　ヨルク・シュライヒ	2
1	本書の目的	7
2	鉄道橋の設計とデザインの原則	11
2.1	デザインだけを切り離すことはできない！	12
2.2	橋梁のコンセプチュアルデザイン	16
2.3	鉄道橋設計におけるイノベーション	28
3	提案例──これは仕様ではなく、提案である！	41
3.1	高架橋の分類	44
3.2	河川橋	68
3.3	架道橋	76
3.4	既存ネットワークへの接続	78
	おわりに	95
	訳者あとがき	96

1
本書の目的

1
つまらない
高速新線マンハイム―
シュツットガルト間の
バウアーバッハ高架橋
1986年

2
非常に重たい
ブルッフザールの鉄道橋

3
a 建設前
b 建設後
高速新線ケルン―
ラインマイン間の
ハレルバッハ高架橋
2000年

4
a 多すぎる
b ……そして重すぎるアーチ
高速新線ハノーファー―
ヴュルツブルク間の
ヴェルゼバッハ高架橋
1988年

5
デメリットの大きい分割
典型的な単スパン箱桁橋梁

6
多すぎるコンクリート
ハレ―ライプツィヒ間の
Sバーン
2002年

ドイツの鉄道橋はいつの時代もドイツ鉄道株式会社（Deutsche Bahn AG、以下ドイツ鉄道）の技術的な進歩と革新のシンボルとなっている。これは鉄道の創業時代から現在でも残っている数多くの建設物に見ることができる。しかし近年では、設計コードがどんどん厳格になり、革新的なアイデアを実行する機会は持てなくなってきている。このような状況下で、エンジニアや施主の創造性が主役になることはほとんどなくなっている。

ドイツ鉄道の新しい鉄道橋、中でも高速新線（NBS: Neubaustrecken）のものには、デザイン的な観点からは不十分といえるものが多くある。その理由の一端には、橋梁とトンネルが直接つながっている場合が多く、振り返って考えてみると、迅速で簡単に架け替えを可能にすることに必要以上に高い優先順位を与えていたからである。

この典型が高速新線の単径間、または多径間の単純桁橋である。それは等支間（通常は約44m）で、ずっしりとした見た目の中空の橋脚に支えられた等桁高（約3.6m）のプレストレストコンクリート（以下PC）箱桁である。基本的には高さだけ変えることにより、土地の起伏や谷の深さに合わせることができる。もともとこの形式のコンセプトは、桁幅が小さく、かつ深い渓谷に架けるために構想されたものであり、そのようなケースではデザイン的な観点からは十分に受け入れられる解決策である。しかしながら、谷が平坦で広い場合には、こうした橋は特に重く、文字どおり風景を塞ぐものとなってしまう。

さらに、高さ数mの遮音壁が必要とされる場合は、もっと悪い状況にある。鉄道の影響を受ける近隣住民は、たとえ繊細で美しい橋梁を要求できるとしても、たいていは可能な限り高い遮音性だけを欲するものである。さらに、橋軸直角方向のスライドによる迅速な架け替えが可能な高速新線の橋梁は、技術的にも経済的にも満足できないものが多い。中空箱桁は、施工や検査にコストがかかる。これらのPC箱桁は、コンクリートの性質[*]に反して、その多くは構造的不連続部を必要とする。この箇所では交換式の支承や、広い谷では伸縮継目も併せて必要であり、これらは消耗品としては高価である。

迅速かつ容易な架け替えを可能にするというコンセプトのもとで設計された橋梁は、低い建設コスト、容易なメンテナンス、そして少ない修理コストといった鉄道橋に必要とされる原則的な基準を満たさない。迅速な架け替えができるような分割された橋梁の耐用年数は、そのコンセプトに従えば、そこまで長いものにはなれない。つまり、鉄道橋の特性と矛盾するのである。

とりわけ安価な設計費を求めるのは、創造とは正反対の行為である。なぜならそれによって、最適解を見つけ出すための設計案のバリエーションの比較検討ができず、場合によっては当初の節約

1

4a

2

4b

3a

5

3b

6

がのちに何倍にもなって返ってくるからである。設計段階でコストや形状とともに耐用年数を定めるにもかかわらず、設計費の割合が、総計画費のわずか5％！（施工費で計算すればわずか0.8％）であるという事実から、設計費を節約することがいかにばかげたことなのかがわかる。

2.2項「橋梁のコンセプチュアルデザイン」では、例示的に既存のコンセプトと新しいコンセプト（代替コンセプト）を対比させた。架け替えが可能であっても、合理的な解釈によっては、適切なデザインが可能となることを示す。しかし、すべての橋梁をまるで一つの宝石かのように設計することはできない。反復的な設計が求められることもあることは、認めなくてはならない。

既存のネットワーク内での建設は、ますます重要性を増している。ドイツ鉄道のネットワーク内には多くの既存の鉄道橋があるが、特に街中にあるものは個別の設計条件を考慮しながら、架け替えまたは拡張していく必要がある。ほかにも郊外の田園地帯を走る高架橋や歴史的な文脈を持つ橋など、場所性は多様でありそれぞれに特徴がある。

このガイドブックは、鉄道橋の設計およびデザイン原理の発展を目的としたものである。本書を読めばドイツ鉄道が、機能的、技術的そして経済的な点から、それに値する投資を行い、そのためのあらゆる努力を惜しまないだけではなく、文化貢献活動を社会的責任の一つと考えていることは明らかであろう。ドイツ鉄道は人と自然の利益のために、「Baukultur」**の称号に値する橋梁をつくりたいと考えている。

そして本書で示すガイドラインは、規則を示したものでは一切なく、鉄道橋の創造的かつ適切な技術とデザインの発展を促すものである、ということを断っておきたい。

このガイドブックは、ドイツ鉄道の最高経営責任者ハートムート・メードルンが文化貢献活動の一つとして招集した橋梁の専門委員会による成果であり、その活動は現在も継続的に行われている。

訳注：
＊ 隙間なくシームレスに構造体をつくれる。
＊＊ 建設行為によって人間がつくり出した環境や文化、またはその建設物自体などを示す総称。

2
鉄道橋の設計とデザインの原則

2.1 デザインだけを切り離すことはできない！

1
脚を広げたスプリンギング
高速新線エアフルトー
ハレ・ライプツィヒ間の
ウンシュトルト高架橋
2010年

2
昔の設計者は
私たちより優れていたのか
ミュングステン橋
1892年

3
a 構想されていたもの……
考慮もなしにラーン川に
建てられる橋脚
b どのように改良できるか
a 高速新線ケルンー
ラインマイン間のラーン高架橋
2001年
b aの代替案

4
a 最終的にでき上がった橋！
b なんというひどいアーチ！
高速新線ケルンー
ラインマイン間のラーン高架橋
2001年

インフラストラクチャーは、この地球上において人々が一般的な生活を送るための物質的な基礎であり、橋梁はその重要な要素の一つである。

典型的なインフラ構造物、特に橋梁はたいていの場合規模がかなり大きく、自然や都市環境を支配する存在となる。それは環境を破壊することも、または豊かにすることもできる。そのためエンジニアは、二つの大きな責任を持たなくてはならない。それは第一には、当然ながら円滑で耐久性のある機能と合理的なコストを同時に満たす責任であり、第二にはデザインと周辺環境との調整に対する責任である。

インフラストラクチャーは、文化の中で位置づけられることにより、はじめて技術的にも機能的にも完全なものとなる。

それゆえ、博物館、劇場、鉄道駅、病院、学校など、ほかの公共建築物においては当然のものとして要求されているものが、橋梁においても当然要求されるべきであるし、されなければならない。

橋梁は文化の一部である。つまり、その機能やコストと同程度に、デザインの質が求められるのである。建築・土木構造物は、デザインだけを切り離して考えることはできないのである！

橋梁、道路、滑走路、ダム、貯水塔、電気通信塔、焼却炉、発電所などの土木構造物は「機能的な建造物」であって、デザインの質は要求されないのであろうか。人がつくり出すすべてのものは（純粋な「目的のない」芸術を除き）、言うまでもなくある特定の目的を持っているのである。残念なことに今日でも頻繁に見られることであるが、その機能、建設技術、施工期間、建設費等だけが橋梁の唯一の設計基準として受け入れられている現状がある。同じ根拠に基づけば、芸術作品の展示のためには、明るいプレファブのホールで十分であって、高級なデザインの高価な美術館は必要ではないということになる。

橋梁デザインの質について普遍的な評価基準をつくることは、建築の場合よりもかなり容易である。

1

2

3a

3b

4a

4b

デザインだけを切り離すことはできない！

5
コンクリートは
でき上がりのフォルム次第である！
高速新線ハノーファー―
ヴュルツブルク間のマイン高架橋、
ゲミュンデン
1984年

6
石を使っても上手に設計していた
エンタール高架橋、
ビーティヒハイム
1853年

7
制動荷重を受け持つための
独特な構造部材
高速新線ハノーファー―
ヴュルツブルク間の
ロンバッハ高架橋
1986年

8
a 旧橋と新橋、二つの橋が
雄弁に自己を主張する
b 力の流れに沿ってできた形
高速新線ニュルンベルク―
ミュンヘン間のドナウ川橋、
インゴルシュタット
2001年

9
鋼とコンクリートの調和
フンボルトハーフェン橋、
ベルリン
1999年

5

6

橋梁においては、力の流れ、合理性、施工プロセス、耐久性などの具体的なパラメーターが背後で作用しているのに対し、建築においては、個人的な嗜好が表面に現れるからである。

もちろん、土木構造物においても質にはコストがついてくる！それは当然であるし、（公共の）建築物の建設では自明なものとされている。我々は橋の建設においても、品質に見合った適切なコストが支払われるように、施主（政府や公共機関など）を説得し、そして背後から援護しなくてはいけない。

しかしながら、（税金の）無駄遣いという批判への対処にすぎないと誤解されないようにしなくてはならない。特に工学分野では、経済性への義務は、設計者を律するものであり、効率的で、美しく、自然な解決策が要求される。優れた構造物は、標準設計のものよりも高価ではない。特にライフサイクルコストで比較する場合、それは顕著である。いい橋とは、何かを省略できないもの、そして追加する必要もないものである。我々エンジニアは、装飾に抵抗し、「この種のデザイン」を原則としては拒否しなくてはならない。

特に今日、建設例が少ない国や地域では、我々は橋梁設計の高品質化に努めるべきであろう。なぜなら原則的に、そして経済的に橋梁が優れていればいるほど、消費される資源は減らすことができ、より多くの綿密な設計に、つまり仕事に投資できるからである。優れた橋梁は環境に優しく、経済的で、仕事を創出する。社会性を有し、理にかなっているので美しい。経済的で、エコロジカルで、社会性を有し、文化的である。これほど時流に即したものがほかにあるだろうか？

このような社会政治的および文化的背景を鑑みると、構造物の設計、特に花形とされる橋梁設計においてエンジニアに必要とされるものは、知識とスキル、そして想像力である。自然破壊への代償は、文化の創造ではじめて埋め合せることができるのである。

7

8a

8b

9

デザインだけを切り離すことはできない！

2.2 橋梁のコンセプチュアルデザイン

1
a 装飾のカバー
b これはアートではなく、お金の無駄遣いである
高速新線マンハイム—シュツットガルト間のグレムズタール高架橋 1987年

橋梁に要求される機能はただ一つで、道路や線路、または歩道などの障害物の両側にある二つの点を、シンプルに線で接続することである。それにもかかわらず、まったく同じような架設場所に対して、多くの異なる解決方法が存在する。その選択は、無数の、そして各エンジニアの主観によって重みづけされた係数により決定される。それゆえ、どのようにしたらよい設計ができるかという問題に対する、普遍的な解は存在しない。これはある意味幸いなことで、もしそうでなければ橋のデザインは複製可能ということになってしまう。唯一確かなこ

とは、技術的、科学的根拠に基づく創造的で前向きな構造設計には、造形力や熱意、忍耐力やディテールに対するこだわりを必要とすることである。設計者はそれぞれの設計で何か新しいことを発見するという点において、工学者というよりは発明家に似ている。

そのため、「これはこうするものだ」と決めつけるルールや法規以上に想像力を狭めるものはない。残念ながら我々エンジニアは、これまで融通がきかないルールに従って創造をしてきた。そのルールはほとんど本質を理解しないまま盲目的に、決

2
しま模様の靴下のような
デコレーション
ペルレベルガー橋、
ベルリン・モアビット
2006年

3
支柱の形状を操作。不必要！
高速新線ハノーファー—
ヴュルツブルク間の
フィーフェ高架橋
1988年

して間違いを犯さないように努めることである。今日、我々は適切な答えを導くためにではなく、間違いを犯さないようにするために、多くの時間を浪費しているのである。

設計とは、構造物を生み出す瞬間である。想像力、注意力、努力、そして愛がそのクオリティを決定するのである！ いいデザインをすれば、最終的にはそのすべてが結実する。逆に、構造計算や建設中にトラブルに見舞われるケースでは、ずさんな設計に起因することが多い。したがって、すでに述べたように、不適当に低い設計費用で計画している施主は、不適切なところでコストを節約しているのである。

設計者はまずはじめに場所の固有性を探索する。地形、環境、地盤条件から、どこに橋脚を建てられるか、アーチの水平力を持たせられるか、ケーブルをアンカーできるかを合理的に推論する一方で、最初に適切な橋のデザインを構想する。

もしこの最初の段階で、地盤条件の悪さに苦しめられるのであれば、それはユニークで革新的な設計アイデアを生み出すチャンスをはらんでいるということである。逆に言えば、なんら特殊要因のない一般的な条件では、標準的な橋以外の解決策で対応することは非常に難しいということである。それゆえ、積極的で経験の豊富な設計者は、このような挑戦を喜ぶ。もちろん、それは、ソフト面でも起こりうる。高い遮音性、橋梁と脇道の接続方法、またはほかのインフラからの接続方法、つまり建設現場へのアクセスの悪さや、どちらかと言えばドイツ国外での建設現場で起こりがちな資材の調達の困難さ、地元の労働者の雇用義務などである。

設計において重要なのは、周囲の風景に敬意を払いながらそこに組み込むこと、適切な形で自覚的に、そして慎重に都市環境とつなぐこと、まとめれば、それぞれの場所に対して適切な橋の全体像をデザインすることである。それに加えて重要なのは、誠実な形である。橋梁はまず第一になんらかの障害物を乗り越えるための構造物であるため、その形は構造的な条件から出発し、反映したものでなくてはいけない。このことに反対するエンジニアはいないであろう。力の流れを読み取ることができなければ、それは誠実な形ではない。それどころか間違った力の流れによって欺くのは、欺瞞である。力と力の流れ、形と構造は、ダンスとリズムのように切り離せないものである。

橋梁の設計プロセスは線形でなく、行ったり来たりの循環作業である。そして上述したように、どのような場合でもいくつかのバリエーションが等しく存在するので、設計プロセスを論述することは非常に難しい。この節では、まず二つの典型的な特徴である、スケールと場所性について明らかにする。そして、鉄道橋のライフサイクルへの配慮、様々な案の比較とその評価方法へと続ける。

3

2

2.2.1 スケール比の重要性

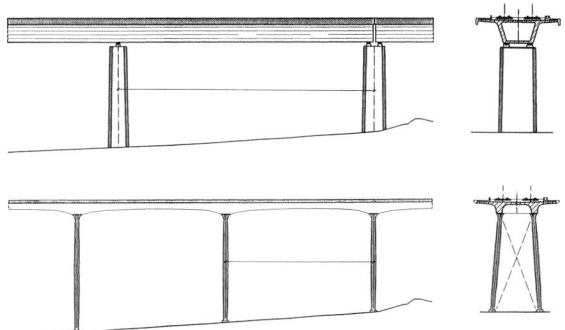

上：
コンセプト
PC箱桁と中空橋脚

下：
代替コンセプト
支間長の短縮と並列の
鋼管橋脚の適用、
桁の薄さと透明性で軽さの大幅な向上

一般的に、そして特に平らで広い谷にかかる長くて薄い橋においては、スケール比に注意することが最も重要である。それが橋の全体像を決める。質量つまり自重が3乗で増える間、耐荷力は2乗でしか増えないことは、常に頭に入れておくべきである。よく誤解されているが、箱桁や自重だけを支えるプレートの厚みは、支間長に比例せず、その2乗に比例する。したがって桁橋は支間長が大きいほど、ずんぐりとした形になり、重くなる。それゆえ、たとえそれが難しい場合でも、不必要に大きな支間長を取らないように注意しなければならない。線路が地面から近い場合は特にそうである。

例えば、約2mの一定の桁厚（場合によってハンチつき）のPCT型梁は15〜25mの間隔で鋼管柱で支える。

支承がない並列の橋脚に支えられた上部工の構造的不連続部の間隔は120mほどになるので、橋全体にわたって一本の線路を渡すことができ、もちろんレールの伸縮継目も不要である。各120m区間（上部工の架け替えの際は橋軸直角方向のスライドも問題なく行える）の中央に、制動荷重を受け持つトラス状に組み立てられた橋脚が置かれる。この「代替コンセプト」（橋梁の専門委員会としてはむしろこれが「標準」のコンセプトであるが）は、隣ページに図示した。3.1項でさらに詳しく説明される。

コンセプト
マッシブな橋脚が
谷の眺めを遮る

上：
コンセプト
大きな支間長と太い橋脚で重い

下：
代替コンセプト（3.1項参照）
小さな支間長に細い橋脚
上部工の不連続部に、
トラス状に組まれたトレッスルと
並列の鋼管橋脚

代替コンセプト
谷を見通せる、たくさんの
ほっそりとした橋脚

2.2.2 橋の設計で最も重要な場所性

1
二つの融合した構造システム
ベルリン―ライプツィヒ間の
高速新線、エルブ橋、
ルターシュタット、ウィッテンベルク
2000年

2
a スキューしたアーチの
重なりが煩雑な印象を与える
b それに対して、
フィンバック型が選ばれた
ハーフェル橋、
ベルリン・シュパンダウ
1998年
a オリジナルのデザイン
b 建設された代替案

3
古い橋と新しい橋が
調和している例
フルダ橋、グンタースハウゼン
1848年、1950年

4
改修前の橋も美しかった！
ノーデルブ橋、
ハンブルク
1872年、2008年

5
レス・イズ・モア
フェーマルンズント橋
1963年

6
a さらに進化
b 新しさがあり、
控えめなデザインである
ネッカー橋のデザイン案、
シュツットガルト

橋は通常、ほかの構造に比べて規模が大きく、かつ寿命が長い。しばしば開放的な自然の風景の中に建設されるので、特に目立って見えるが、街中でも、橋はランドマーク的で支配的な存在である。時には建設された環境の中に、何世紀にもわたって存在する。

つまり、橋の最も重要なデザイン要素は、場所性にある。橋は人間の寿命から考えれば、永遠ともいえる時間、その場所を占有する。一度そこに建設されれば、それは何世紀にもわたってそこで供用されるのである。

したがって、橋のデザインは全体的にもディテールにおいてもその場所を反映し、関連性を持ったものでなければならない。橋は控えめに組み込むことも、または意識的に目立たせることもできる。形を控えめに、あるいはシンボリックにすることで、美しい自然環境や壮麗な渓谷や壮大な風景を可能な限り手つかずの状態で残すことも、平凡な土地を豊かにすることも、混沌とした都市環境を整えることも可能である。

一つひとつの橋について、それが小規模であろうが大規模であろうが、個別の配慮が必要である。小規模な橋の場合、あるいは橋の下を人が通る場合は、橋と人との距離が近いので配慮が必要であり、大規模な橋の場合は、その場所だけでなく、その周辺状況をも恒久的にすっかりと変えてしまうから逆に配慮が必要である。

残念ながら手作業的で堅実な建設作業がなかなか見られなくなった現代においては、当然ながら、安全性や耐久性、堅牢さの点から、ゼロから鉄道橋を設計することはできず、いつも前例に頼らざるをえない。橋に責任を持つ行政は当然のことながら、同じ設計を繰り返す傾向がある。一方で設計を委託されたエンジニアは変化と多様性を求め、新しいデザインを試したがる。

行政とエンジニアの相互の理解と尊重がある上でこのような「衝突」が起きた場合は、かえって生産的で、満足のいく結果につながり、進歩を促すことが多い。

最近、時折マスコミに取り上げられるような、エンジニアを引き連れた「スター建築家」によって牽引されている建築コンペはばかげている。同様にひどいのは、建築家が橋を改悪したり、部分的にキッチュな装飾をしたりすることである。もちろん、自己批判的なエンジニアは、特に都市部の橋梁に対して、建築家、ランドスケープアーキテクト、プロダクトデザイナーとのコラボレーションを図る。

最終的に誰によるかは重要ではなく、最も重要なことはそれがいい橋かどうかである。

まとめ ドイツのような、多くの人々が住み、風光明媚で、人々が風景に敏感な国では、橋は大きな注目と愛情を受けるに値するものであるし、技術的、経済的、社会的機能を満たすだけでなく、環境を向上させるものとして人々に歓迎されるものである。**橋梁の建設は文化を創造するということである！**

3

4

5

6a

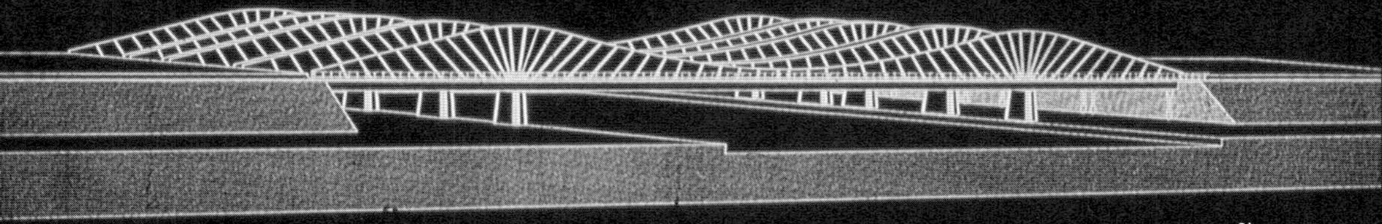

6b

橋梁のコンセプチュアルデザイン

2.2.3 鉄道橋のライフサイクル

ドイツ鉄道には約3万の鉄道橋があり、その平均年齢は70年以上である。その大半が小さな橋であり、全体の約96％が30m未満のものであるが、非常に大規模なものもあり、全長で1000mを超えるものもある。

構造形式については、RCおよびPC橋、SRC桁橋、鋼橋、アーチ橋とに区別され、それぞれが全体の4分の1ずつを占めている。

ほとんどの橋梁は複線区間に架かっている。各方向の線路に要求される線路の容量の多くは長期間変わらず、道路橋と違って、拡張の必要性が生じることはない。軸荷重の変化も1920年の19tから、今日の22.5tと、比較的軽微なものである。

したがって鉄道橋は、非常に長寿命の資産である。鉄道橋の寿命は、構造の種類やメンテナンスに依存するが、100年を優に超える。しかし、橋の年齢というよりも、状態やその線路の今後の使われ方を含めた将来的な予測が、架け替えのためには極めて重要である。つまり、鉄道橋のライフサイクルコストをトータルで考えることが、投資額の決定や計画の際に必要となる。メンテナンスや投資額は、以下を指標として決定されなければならない。

・現状の把握と未来の予測
・使用性の変化（荷重や速度）
・異なる維持管理方法による、構造物の余寿命と安全性の違い
・メンテナンスあるいは架け替えの、経済面と安全面から見た最適な時期
・制限のある予算内での全体の最適化
・経済的な供用期間
・その他（例えば、文化財の保護など）

現在ドイツ鉄道は、鉄道橋のライフサイクルコストの経済的評価をするための手法を開発中である。建設時から取り壊すまでの間にかかるすべてのコストが評価されなければならない。橋のライフサイクルコスト評価のための客観的な基準は次のとおりである。

・定期的な点検のためのコスト
・定期的な清掃と排水システム、支承や不連続部のメンテナンスコスト
・橋のディテール部材（不連続部、支承、レール伸縮継目など）の改修と保全のコスト
・鋼橋の腐食保護の塗装コスト
・解体と処分のコスト

ほかのヨーロッパの国々と比べると、ドイツの鉄道ネットワークはかなり密で、一路線の支障によって大きな運行上のトラブルを招く。代替路線への迂回は、運行時間の大幅なロスと接続点における運行の問題を引き起こすことが多い。よって鉄道橋梁で次に大切なことは、個々の部材のメンテナンスや改修時でも、運行に支障をきたさないようにすることである。

　橋の線路ごとの迅速な架け替えを可能にするために、最近では単線の単純桁が多く用いられている。個々の上部工の架け替えに関しては、確かに大きな利点がある。しかしながら大きな欠点は、多数の支承や不連続部である。これらは構造物よりもだいぶ寿命が短く、常に良好な状態を保たなければならないために、供用中、複数回交換を必要とする場合もある。また、上部工だけでなく、下部工の改修が必要である場合も多い点は軽視されがちである。

　このような構造に代わるものとして、いわゆるインテグラル、またはセミインテグラル構造に注目が集まりはじめている。支承や不連続部が不要のため、単純支持梁をつなげたものよりも、はるかに堅牢でメンテナンスの必要性が低い。歴史的なアーチ橋、RCのラーメン橋、そして最近ではn型ラーメン橋、アーチ橋、支承のない一体化した小さな桁高の多径間連続桁橋（2.2.1項を参照）などがこれに含まれる。この構造形式は、不静定であり、非常に高い剛性のため余剰耐力を持っている。変形量の小ささ、振動のしにくさ、よりよい走行性など、使用性の面で非常に高く評価できる。

　もちろん、インテグラル構造が無限の寿命を持ってるわけではない。つまり、計画の際には、将来の架け替え、または改修を考慮しなくてはいけない。しかし、架け替えに関しては包括的に、つまり構造だけではなく、路線運行についても考慮しなくてはいけない。エンジニアリングの技術のほかに、単線だけでの運行が可能であるか、迂回経路や振替輸送が可能であるかも事前に調査しなくてはいけない。列車の種類、振動数、重量が線路に影響するように、これらの要因は、架け替え技術や構造形式にかなりの影響を与える。

　要約すると、鉄道橋の設計における経済的な観点からの重要性は、建設コストにではなく、ライフサイクルコストと継続的な使用性にある！

2.2.4 橋梁設計の評価と選択方法

アネッテ・ベーグレ（ベルリン工科大学）

イェンス・ミュラー（ドイツ鉄道）

橋の設計、計画、実施プロセスでは、多くの事柄について決定を下さなければならない。決定は、（評価）基準の指定と案の比較に基づいた評価のプロセスを通して行われる。

　橋の建設の決定がなされたらすぐに、設計と評価を行うために、架設場所の地理的諸条件と求められる諸条件を列挙することが重要である。「ハード」的な基準のほかにも、外観やその橋がもたらす効果などの主観的な条件もこれに関連する。橋は、ほかの構造物に比べて特に「恒久的」であり、一般的で文化的な側面を持った造形物であるので、技術的な要件や建設コストだけを判断基準にするべきではない。

　荷重や建築限界などの橋に求められる諸条件は、具体的でなければならない。どの案においても、耐久性や経済性などの条件は同程度に満たされていなくてはいけない。しかしながら、技術的な長所や短所、デザイン性、周辺環境への適合度合いに関しては、様々なタイプの構造案を比較検討できるだけの余地が残されていなくてはならない。

評価モデル

現在使われている橋梁設計の評価モデルのほとんどは客観的で明確な基準に基づいているが、個々の要因の可変性は考慮されていないために「決まりきった」結果を導いている。美しさや社会性や使い勝手などのソフトな基準を数値的に記述することは非常に困難である。それにもかかわらず、例えば、橋のデザインとそのコストを数値的に比較することが可能であるように見えてしまう。すべての基準に重みをつけることにより、平準化され、平均的な案に行き着くのである。

　したがってこれからの評価に求められるのは、追従できる透明性の高い評価プロセスであり、可逆的で明白な判断事項ではない。

　評価モデルにおいて、要求される条件は細分化され、個別に対応される。これにより、特定の状況や条件への対応が可能になる。根拠が明確で、かつ追従可能な判断事項が記述されるので、議論する余地も生まれる。同様に、この評価プロセスは、変更された条件にも、最終的な結果にも対応できるくらい、非常に柔軟である。最終的な結果は、状況からの要件と個々のニーズといった様々な面を考慮した、包括的な評価である。

　要求される条件とその対応は、実勢の社会的価値や見解から生じる。つまり、要求される条件は、供用中も変化するので、この評価モデルが形骸化してしまう危険はない。今日対応したことが、明日には別の要件を生むのである。

　つまり最終的な目的は、今日というこの時点から、明日のニーズを勘案することである。アルバート・アインシュタインが言ったように。「過去よりも未来に興味を持つべきである、なぜなら私たちはそこに住むのだから」

構造物の品質		
形と構造	機能	環境への配慮と経済性
客観性	個別性	社会性
構造とデザイン	使用性と快適性	環境への適応性と経済性
デザインへの適切な意識なしに、構造の評価はできないし、構造の理解なしに、デザインの評価はできない！	ユーザビリティー ・構造物の意義と目的を達成する方法 ・社会の価値観に応じたもの	人や動物や植物などの生命のための環境 ・環境への影響についての考慮 ・橋のライフサイクル
技術とデザインの一致 ・堅牢性、耐久性 （寿命と施工プロセス） ・全体像と効果	人々にとっての心理的、物理的、社会的な存在 ・構造物自体の影響、風景に対しての影響、場所への影響に依存する ・構造材料のユーザーのイメージ	コスト面での橋と社会の関係

三つの基準　（1）形と構造、（2）機能、（3）環境への配慮と経済性

基準
技術レベルや、経済性だけでなく、審美性（知覚）や社会性を評価するのに、次の三つの基準が使われる。
・形と構造
・機能性
・環境への配慮と経済性

　基本的に満たすべき条件は、橋の安定性、耐久性、使用性である。そこに法的拘束力のある諸条件の遵守などが加わる。
　「形と構造」の評価では、客観性に基づいた基準がテーマである。ここでは、技術面とデザイン面の一致、および構造的な安定性や耐久性が評価される。個々の構造部材だけでなく、特に全体像が評価され、審美的（知覚的）効果が確認される。
　機能性は、主観的な評価対象であり、人と構造物の関係性がテーマである。人には、ユーザーと地域住民だけでなく、コンペ主催者や施主も含まれる。建設の決定に先立ち、その建設の意義と目的を明確にすることが要求される。つまり、しっかりとした基準を定義する。実現させる構造物は、ユーザーの心理的、物理的および社会的なニーズを考慮したものでなくてはならない。この二つの基準は、社会や文化の変化に影響を受ける。したがって、供用される間、供用条件は随時確認され、変更される。
　3番目の基準では、社会と構造物の関係がテーマとなる。プロジェクトの経済面やエコロジカルな面が、社会の価値観と照らし合わされる。プロジェクトの経済性は、構造物のライフサイクルコストと同じように判断される。これにより、供用期間に対して、最も効率的な財源の運用が確保される。単に一番安いプランは選ばれない。環境への配慮は、社会とその政治意識に大きく依存している。気候変動、あるいはどんどん重要性を増しているエネルギー不足が、環境保護の必要性を後押ししているからである。建設においての環境保護も同様である。

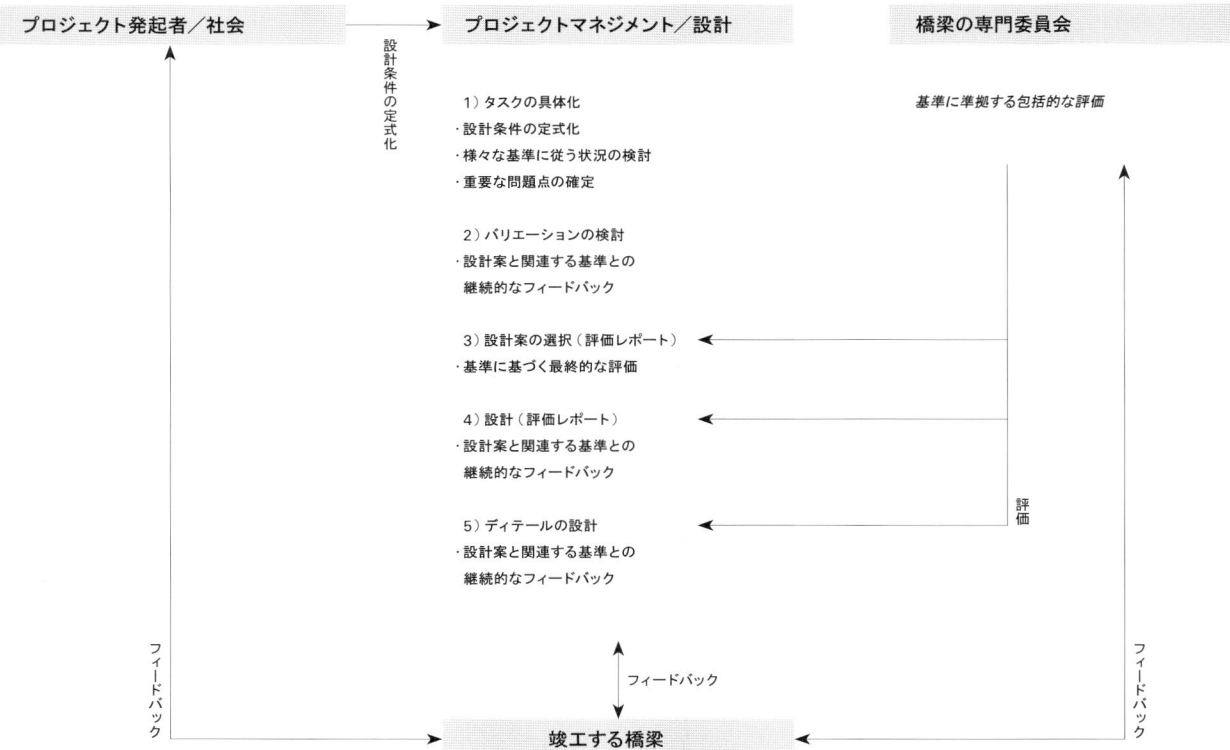

ドイツ鉄道の評価モデルの図解

評価リストを階層的にすることにより実用性を確保している。最終的な目標（コンセプチュアルデザインの質の評価）を、サブ目標（要件に対する個別の評価）に分割しているのである。これにより、様々な要件が、異なる階層レベルで選択、評価され、個々の状況に対応する。

ドイツ鉄道の評価モデルの適用
プロジェクトの計画時には、インフラの最適化、経済的な投資方法、メンテナンス方法の勘案に加え、最終的に見込まれる結果をまず最初に評価するべきである。

プロジェクトマネージャーは、要求された鉄道施設の整備事業に関して、事業者とともに可能な限り正確で透明性のある計画を具体化して策定する。

設計条件は、施主の要求を実行に移すために非常にタイトに入り組んでいる。しかしながら、創造性を"根元"で切ってしまわず、可能な限り多くの設計案を許すために、できるだけ多くの余地を含める必要がある。

次のフェーズでは、設計者はいくつかの案のバリエーションを構想または開発し、構造物に要求される条件の判断においては、前述の基準をその拠り所にする。基準に基づくことにより、ホリスティックなアプローチと、設計案の評価が可能となる。これは継続的なフィードバックによって実行される。

開発されたすべての設計案に対して、基準に基づいた最終的な評価が、設計者によって行われる。この際、評価レポートが作成される。明確に示さ

形と構造

技術的事項	よい	普通	悪い
構造の基本アイデア ・意味と内容 ・デザインの明快性 ・コンセプトとアイデア ・革新性と洗練度	1）基本的な考え方がはっきりと見える 2）設計のアイデアが、橋の全体像で表されている 3）非常にレベルの高い技術的革新性、構想アイデアや革新性をよく表している 4）実現可能性の高い設計案	1）基本的な考え方は、部分的に見られる 2）橋の全体像で、設計アイデアを表現しきれていない 3）革新的なアプローチ 4）改良によって実現可能な設計案	1）基本的な考え方が見えない、もしくは見るのが難しい 2）橋の全体像が不明瞭 3）革新性のない構造 4）実現可能性には疑問がある
構造の合理性 ・静的構造物としての形と表現としての形との関係	1）力の流れに沿った形＝よい構造 2）荷重伝達経路が明確	1）平凡な構造 2）不明確な荷重伝達経路	1）質の低い、ややこしい構造 2）荷重伝達経路が読めない
材料	1）全体像とディテールの両方で説得力のある材料の使用方法 2）よいテクスチャー	1）特異性のないスタンダードな材料の使用 2）平凡なテクスチャー	1）追従不可能な材料の使用 2）不適切にデザインされたテクスチャー
形の簡潔さ	1）良好な橋の全体像、形態と機能の明らかな一致、よいプロポーション	1）適度な橋の全体像、形態と機能が部分的にしか理解できない	1）不明瞭な橋の全体像、形と機能が一致していない、悪いプロポーション

評価リストの抜粋（「形と構造／技術的事項」の一例）

れた箇条書きの評価項目の下に、定性的で記述的な評価コメントが続く。実現される案は、事業者とプロジェクトマネージャーによって決定される。特殊な例では、橋梁の専門委員会が関与する。

評価リストは表になっていて、定性的、記述的な評価コメントが書かれる。比較できないものを比較することがないように、評価コメントは簡潔かつ明確に記述し、同じ用語を用いるべきである。

迅速な比較のために、評価コメントには点数（1の「非常に悪い」から、9の「非常によい」まで）がつけられる。この「評価方法」は、最終結果への点数の反映を意識させないまま、口頭による定性的な評価コメントを結果に反映できる実際的なプロセスであることが証明されている。一つの評価においての、設計案同士の差はひと目で明らかである。

評価は、常に比較のプロセスである。それは、基準の重みづけによるコンセンサスを得て、行わなければならない。しかしながら、点数は絶対的な重要性を表してはいない。ほとんどの評価基準では一般的な価値観の一致が見られるので、定性的な評価コメントに点数をつけることは可能なのである。

「素人」を含めたすべての人が、専門的な議論の質的根拠を、評価の中に見つけることができる。定性的で、追従が可能で、透明性のある最終成果物に関しての、生産的な議論の土台となるのである。

2.3 鉄道橋設計におけるイノベーション

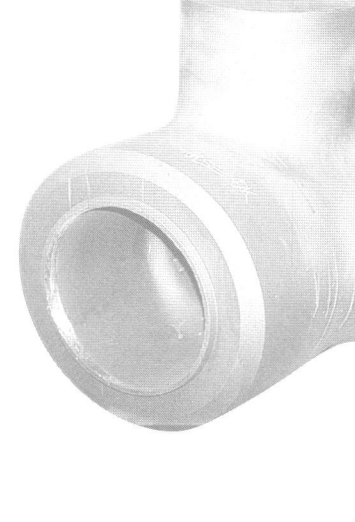

安全に使用できることが、鉄道橋に課せられた基本的な性能である。そのため特に、鉄道橋では実証されている構造技術や構造形式を採用することに重きが置かれる。

一方、特に延性材料の改良やコンピューターによる解析やグラフィック技術の向上、また製造技術の高度な発達により、問題が発生しやすい支承やレールの伸縮継目が不要となったコンクリートと鋼の複合、および混合構造が可能になっている。つまり、より高品質で美しいだけではなく、より経済的な橋梁の建設が可能になったのである。

ドイツ鉄道は、建設業界における技術革新への貢献を切に願い、新技術や新工法の開発やテストをサポートしている。以下に、すでに実施された、または開発中のいくつかの革新的なプロジェクトを例示する。これは、目下の技術開発の方向性を示すとともに、さらなる発展を刺激するためである。言うまでもなく、新たな開発にはドイツ鉄道だけではなく、ドイツ連邦鉄道局（EBA：Eisenbahn-Bundesamt）の関与と承認を必要とする。

ここでは革新技術の評価については記述せずに、紹介にとどめる。次の2.3.1項から2.3.4項では、主に実績のある構造システムや工法について記述する。

スライド式軌道スラブ（2.3.6項）は技術的、かつデザイン的な観点から、鉄道橋のエポックメーキングなものとなり得る可能性がある。もちろん実用的な供用のためには、まだかなりの開発とテストを重ねる必要はあるが。

この新しい構造コンセプトは、線路と橋梁構造の関係に質的な変化をもたらし、鉄道橋のコストとデザインにプラスの影響をもたらすだろう。ここではその基本的な原理を紹介する（2.3.5項と2.3.6項で示される）。これら新技術の開発にできる限り早く着手することが、橋梁の専門委員会の切なる願いである。

2.3.1 鋳鋼製格点

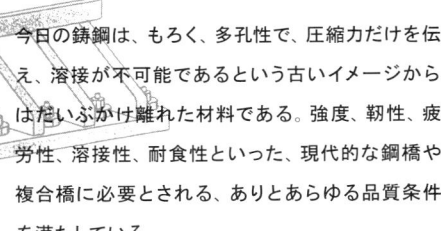

今日の鋳鋼は、もろく、多孔性で、圧縮力だけを伝え、溶接が不可能であるという古いイメージからはだいぶかけ離れた材料である。強度、靭性、疲労性、溶接性、耐食性といった、現代的な鋼橋や複合橋に必要とされる、ありとあらゆる品質条件を満たしている。

鉄道橋においては、溶接構造用圧延鋼材は、例えばトラスや分枝させた柱やアーチなどの幾何学的に複雑なジョイント部に使用され、高い耐荷能力と耐久性が要求される。よく使われている直接溶接による鋼管格点では、断面をつなぐための複雑な形状の切り口や加工技術が必要とされる。また溶接継目や溶接形状は、構造的に不利であり、直径や厚みにおいて限定された接続方法しか取れない。しかしながら、鋳鋼を用いれば、等方性で、力の流れに沿った形状と断面を持ったジョイントが可能である。接続する部材の数と配置に対する自由度も高い。応力が高くなる格点部であっても流れるような形態が可能となり、応力集中もノッチの影響もない。また、より応力が小さくて、よりアクセスがしやすい場所に溶接部を配置できる。

高架橋や道路橋や歩道橋での多くの成功事例を受けて、ドイツ鉄道はベルリン中央駅の鉄道橋に鋳鋼製格点を試験的に採用し、実現させた。ドイツ鉄道の委託により、カールスルーエ大学において、スケールモデルと実物大の部分モデルを使った広範な実験も行われ、圧延鋼材による鋳鋼部材と溶接継手の静的、および動的な挙動の安全性が確認されている。

実験風景

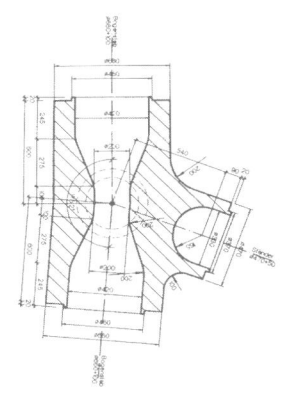

結果として、鋳鋼GS 20 Mn5 Vの性能は、少なくとも圧延鋼S 355 J2+Nのものと同等であることが示された。

溶接された鋼管(直径508×50mmと直径660×100mm)の疲労試験も行われ、少なくともDINのテクニカルレポート(レポート番号103、ノッチのカテゴリー80)に従った鋳鋼材と圧延鋼材の溶接継手は、圧延鋼材同士のものと同程度に安全であることが確認された。[Schlaich, J., Schober, H.; Stahlbau Heft 6+8/1999]

鋳鋼製格点を用いることにより、製造コストやメンテナンスコストが削減でき、サステイナブルで堅牢な鋼構造の鉄道橋梁が可能になるのである。構造とデザインの一致、形の多様性をその特徴とし、設計の自由度が増す。その主な理由は以下のとおりである。

・格点部分から離れた、アクセシビリティのよい、応力の小さい部分で溶接ができる。格点において溶接による残留応力が発生しない。
・複雑な形状の格点でも、応力集中なしに、力の流れに従った形で実現することができる。
・鋳型に材料を流し込む際に生じる微細な空隙の半径は、溶接欠陥によって生じる微細な空隙の半径よりも大きいため、疲労強度には関係しない。
・鋳鋼製格点は自然な流れに沿った形状をしているので、力の流れを直感的に理解させる。それゆえ、見た目もよく、信頼性を与える。

鋳鋼製格点は、鉄道橋ですでに実証されている。このドイツ鉄道の培ってきた技術や実践的な経験は、コンサルタントやゼネコンのエンジニアに提供されるべきであろう。鉄道橋は文化の一端を担い、経済的かつ技術的な意味においてもサステイナブルなものである。この点においてこそ、技術革新は有意義に活用され得るのである。

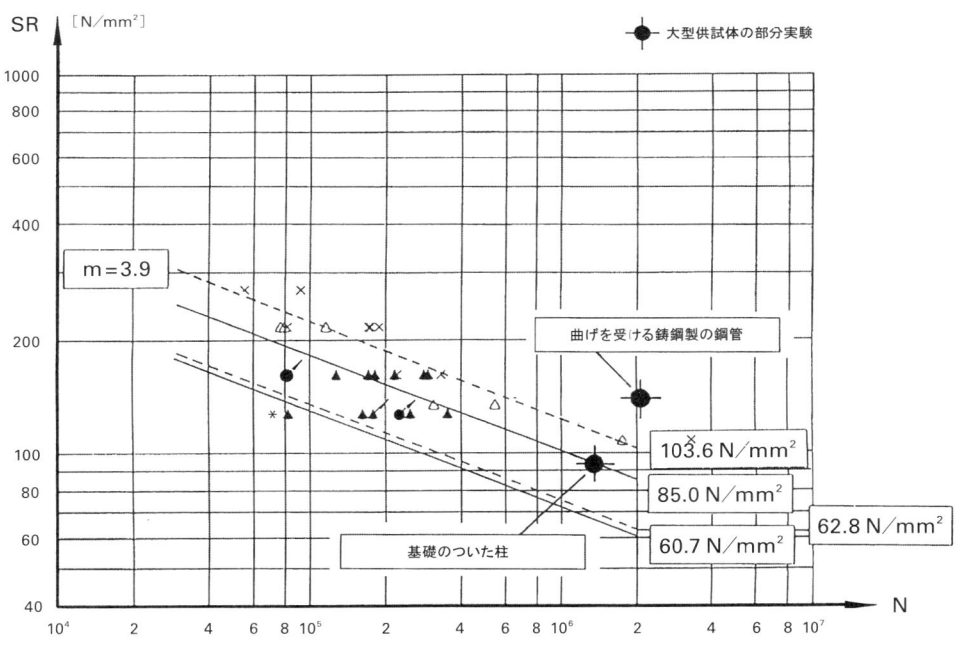

疲労試験

左ページ:
フンボルトハーフェン橋、
ベルリン
1999年

2.3.2 複合橋

1
鉄道高架橋のザーレ橋

2
鉄道高架橋の架かる
テルトー運河

複合橋は、コンクリート橋と鋼橋の利点を兼ね備えている。RCスラブには荷重分散効果と堅牢性があり、鋼材から成る縦梁は華奢な断面でありながら剛性が高い。複合橋は耐久性のある橋梁構造であり、メンテナンスが簡単で補強もしやすい利点がある。さらに複合構造によって、多種多様な構造形態や構造形式が可能となる。

20〜60mスパンの一般的な橋梁に適合させるために、効率性の高い製造方法や建設方法が徹底的に模索され、複合プレキャスト工法（Verbund-fertigteil-Bauweise, VFT®）による、経済的でスマートな解決策が提案されている。［Schmitt, V., Seidl, G.; Verbundfertigteil-Bauweise im Brückenbau, Stahlbau Heft 8/2001］

プレキャスト製の複合梁はプレキャストコンクリート（以下PCa）スラブと溶接された鋼材から成り立っている。断面内において鋼とコンクリートを効率的に組み合わせていること、ほぼ完全にプレキャスト部材から成り立っていることが、この工法の重要な特徴である。死活荷重合成桁は、材料を効率的に、かつ適した形状で使ったものである。高い剛性を保ったまま、かなりの材料を節約できる。複合構造において、架設時や現場でのコンクリートスラブの打設時に通常は必要となる仮支柱がいらない。

高い施工性とデザイン性に加えて、合成プレキャスト工法によって、極めて短期間での施工が可能になる。鉄骨梁はすでに工場でコンクリートの上フランジと一体化されていて、それがのちに現場打ちされるスラブの型枠となる。合成プレキャスト梁は、完全に防食材料に覆われた形で現場に輸送され、そこで最終的な位置にクレーンで架設される。

急激な鋼材の値上がりの影響を受けて、合成プレキャスト梁のさらなる開発が進んでいる。代表的なものが下部に配置した半分の圧延鋼梁によって橋軸方向に補強された、薄いRC梁（VFT-WIB®）である。VFT-WIB®は、これまで頻繁に使用されてきた、よく知られているコンクリート圧延鋼材梁（WIB）に取って代わるものである。はるかに少ない鋼材量で同程度の剛性を持つことや、組み立て部材の少なさ、工事現場での作業の軽減が特徴である。容易で安価な生産が可能で、十分な疲労強度が証明されているコンクリートボルトが繋ぎ材として使用される。しかし現在ではまだ、その使用に関して、プロジェクトごとに許可が必要である。

鉄道高架用の複合構造梁としては、従来の単スパンや2スパンの桁橋に加え、下路プレートガーダー橋やラーメン橋にも適用できる。後述するインテグラル橋（不連続部や支承がない橋、2.3.5項を参照）においても、プレキャスト製の複合構造は可能である。今後数年のうちに架け替えが必要となる鉄道橋の数の多さを考慮すると、PCaと鋼材による複合構造は、持続可能性、施工性、施工期間、美観に関して、橋梁の構造システムの新たな基準となり得る。

1

2

合成スラブと
下路プレートガーダー橋

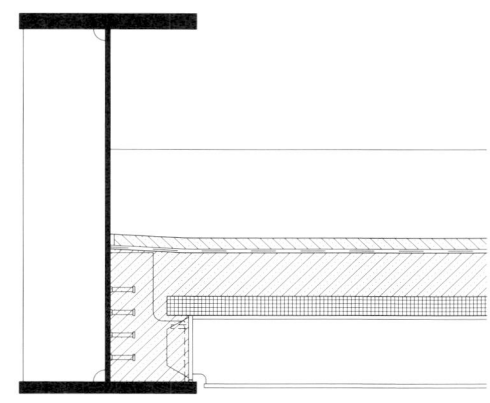

左:
プレキャスト合成梁の
VFT®

右:
プレキャスト合成梁の
VFT-WIB®

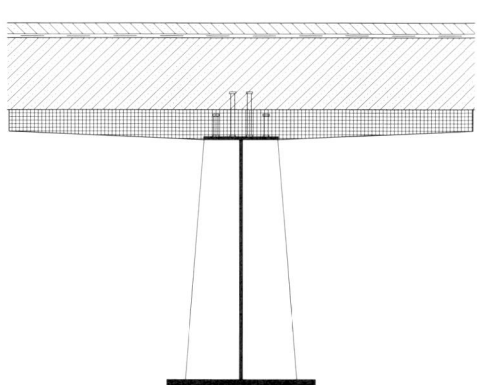
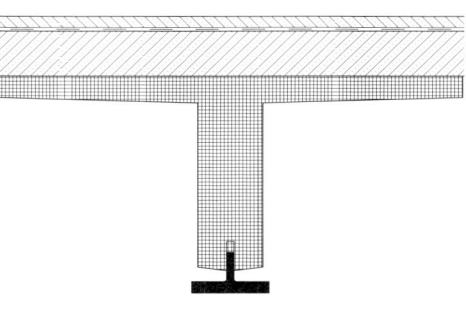

鉄道橋設計におけるイノベーション

2.3.3 下路プレートガーダー橋

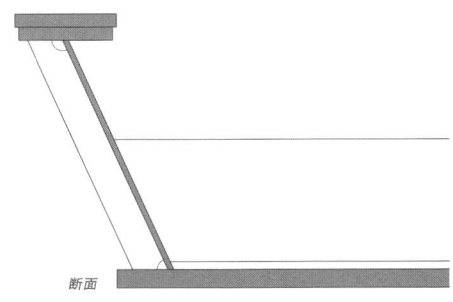

断面

このページの図版3点：
鉄道高架橋、
カール・ブローエル通り、
ローンドルフ

架け替えに際し、特に都市部では桁高や桁下空頭や騒音対策などの諸条件が構造形式の選択に大きな影響を及ぼす。バラスト軌道の鉄道橋（上路、または下路プレートガーダー橋）の架設は、コストの変動幅が大きい。建築限界のために、線路に、または下を通る交通路に勾配をつける必要がある場合には特にそうである。近年開発された、スラブとして厚板が用いられたプレートガーダー橋の特徴は、非常に小さな桁高にある。［Klingner, A., Schleicher, W.; Dickere Bleche bei Eisenbahnbrücken, Stahlbau Heft 10/2006］

この小さな桁高は、横桁を使わず、厚板（d≧100 mm）を使用することにより可能となる。

構造的に求められる緒条件を順守することにより、従来のものに比べ、低騒音を実現できる。

構造的な利点に加えて、平らで均質な橋面のために、メンテナンスもしやすい。

過去数年間の、ドイツ鉄道の様々な建設プロジェクトにおいて、この新しい構造システムはすでに実証済みであり、2008年のテクニカルレポート（TM 2008–040 I.NVT 4.）において標準設計として承認されている。

2.3.4 ネットワークアーチ橋

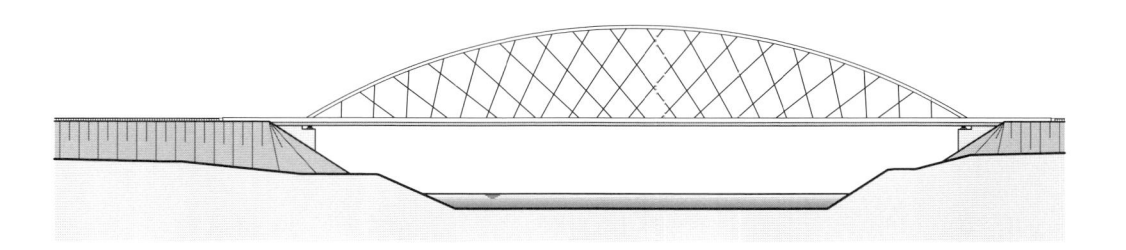

このページの図版2点:
ローゼン谷高架橋
2008年
ドイツ鉄道による最初の
ネットワークアーチ橋

ネットワークアーチ橋は、古典的なタイドアーチ橋に比べると、特にスパンが大きい場合に非常に経済的である。

ハンガーケーブルを傾斜させることにより、アーチとトラスの両方の効果が作用し、非常に効率的でスレンダーな構造となる。慎重な施工管理は必要ではあるが、タイドアーチに比べてだいぶ小さい自重で、同程度の負荷能力と疲労特性を持つ。

たわみと端部での回転角がかなり小さいのが、使用性の面で大きな利点となる。同様に、列車荷重の振動挙動に対しても有利であり、高い剛性と小さな自重のために高速鉄道橋に適用できる。また、風あるいは雨風によって誘発されるハンガーケーブルの振動に対しても、短い距離でケーブルが接合されるので、減衰効果が大きいという利点がある。[Tveit, P.; Introduction to the Network Arch, 2001]

その繊細な見た目にもかかわらず、ネットワークアーチ橋は堅牢性の面で少なくともタイドアーチ橋と同等である。例えば、車両の衝突によって一本あるいは複数のハンガーケーブルが破断しても、タイドアーチ橋の場合に比べてはるかに影響が小さい。補剛桁の桁高をかなり小さくできるので、レールの上端よりも上に上部フランジがあることは少ない。これは張り出し部のデザインや運行の安全性に有効である。外側に検査路をつける場合、ハンガーケーブルのネットの大きさを、線路から歩道へ人がアクセスできるくらいに大きく取るようにしなくてはいけない。

メンテナンスについては、特に防食材の塗装コストで評価しなければならない。そのため、ハンガーケーブルの数の多さや長さは不利である。しかしながら、補剛桁の桁高はかなり小さく、ハンガーケーブルの断面も小さいため、塗装面はかなり小さい。それゆえ、上部工にかかる防食材の塗装コストはハンガーケーブルとタイドアーチでほぼ同じである。特に、古典的な鋼スラブの代わりに、コンクリートやスチールの複合スラブの使用することは、この点でも有利といえる。

ネットワークアーチ橋を設計する際は、特にハンガーケーブルネットの最適形状、およびすべての部材のジョイントの疲労に注意しなければならない。

2.3.5 インテグラル橋

上：
重い箱桁による大きなスパン長

下：
薄い版桁による短いスパン長

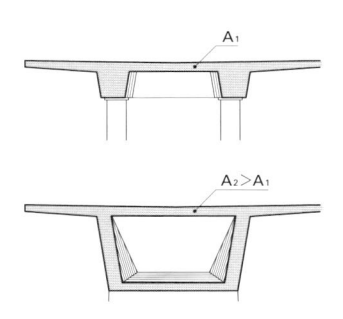

$\alpha_T \times \Delta T_S = \varepsilon_{\Delta T} = \varepsilon_F = \dfrac{D}{(EA)_D} = \dfrac{Z}{(EA)_Z}$

$D = Z = (EA)_{D/Z} \times \alpha_T \times \Delta T_S$

EAに比例して、
Lには依存しない

- Z　ΔTによる圧縮応力
- D　ΔTによる引張応力
- A　上部工の断面
- E　上部工のヤング率
- ΔTs　温度変化
- αT　熱膨張率

我々がここで目指したいのは、支承やレールの伸縮継目が不要の、連続した堅牢な鉄道橋である。[Pötzl, M., Schlaich, J., Schäfer, K.; DAfStb Heft 461, 1996]

その第一歩は、すでによく知られているセミインテグラル橋である。橋脚と上部工は剛結合されているが、制動荷重が橋脚に伝わらないように、上部工に（特に橋台上に）構造的な不連続部が設けられている。必要となる不連続部や支承の数は、橋の長さと下部工の剛性で決まる。セミインテグラル橋では、うまく不連続部を設けることにより、レールの伸縮継目が不要となる。

不連続部がない240mの連続した上部工（有効長が約120mで中央に固定点を持つ）によるセミインテグラル橋がすでに実現されている。中央にある剛性の高い橋脚が、制動荷重を受け持つため、ほかの橋脚はすべて柔軟性のある薄い壁式橋脚である。ここでも支承が必要とならない。3.1.2項の全体プランで紹介する。

インテグラル橋では、上部工に構造的な不連続部はなく、両端の橋台と剛結合されている。橋台はまったく柔軟性がないので、橋梁が冷えると上部工に引張力Zが生じ、温まると圧縮力Dが生じる。上部工の熱膨張 [εΔT] は、力学的なひずみ [εF] とコンクリートのひび割れによって、補填される。上部工に敷設されたレールは、この温度変化や乾燥収縮の際でも、拘束されていないかのように、ほとんど影響は受けない。橋軸方向にかかる制動荷重や始動荷重は、上部工の線路に連続的に伝達され、小さな変形作用として直接橋台にかかる。

したがって、谷に巨大な橋脚や制動荷重を受け持つための構造部材を建てる必要はなくなる。また、上部工の変形に追随したレールに発生する応力は、非常に長い橋梁であっても、上部工に構造的な不連続部がある場合と同程度に小さい。

風や列車、温度勾配からの橋軸直角方向の負荷は、上部工と橋台が直接受け持つ。または橋が長い場合は、斜材で補剛された橋脚を間に設ける。

これによりもたらされる効果は以下のとおりである。橋脚は補剛されていないので、ほぼ軸方向の応力のみがかかる。支承や構造的な不連続部や伸縮継目は完全に不要であり、橋脚は非常に細くできる。これにより、かなりのコスト削減が見込める。そしてとりわけ耐久性の向上、メンテナンスコストの最小化、そして快適な列車の乗り心地を実現できる。

我々は、鉄道橋に革命を起こせるこのチャンスをなぜずっと放っておいてしまっているのか？過去数十年、むしろまったく逆のことをしてきたのである。橋を分割し、間違った場所に多くの支承や不連続部をいれてきたのである！

もちろん難点もある。上部工はあまり変形しないため、そこで発生した応力は地盤に伝えなくて

インテグラル橋梁は
多様なデザインが可能である

はならず、応力が大きくなればなるほど、橋台にかかるコストは増大する。温度変化や乾燥収縮で発生する拘束力の大きさは、上部工の伸び剛性［EA］に依存することは簡単な計算式から明らかである。重い箱桁の代わりに、短いスパンの版桁を選べば、橋台への負担は小さくなる。温度変化や乾燥収縮で発生する拘束力ZとDの大きさは、何kmにも及ぶ長い橋でも、非常に短い高架橋の場合でも同じである。ここから気づくのは、インテグラル橋は、長くなるほど経済的であるという事実である。セミインテグラル構造またはスライド式軌道スラブ（2.3.6項を参照）は、むしろ短い橋に適している。

先述したことであるが、万能な設計または標準の橋というものは存在しない。積極的なエンジニアは、それぞれのケースにおいて、最適な解決策を見つけるのである。

インテグラル橋の特性
・広く、そこまで深くはない谷の場合、インテグラル橋は選択肢の一つになる。それには、薄い上部工と、軸力だけを伝えるほっそりとした橋脚を組み合わせた、短いスパンの橋が適している。
この場合、それ以外に制動荷重を受け持つ橋脚が必要となる。
・インテグラル橋は桁が連続しているので、橋台やジョイント部の不連続部で起こる鉛直方向の角折れがない。そのため列車の乗り心地が向上する。
・地盤によっては、橋台で拘束力や制動荷重を負担するための追加の対策が必要となるが、橋が長くなるほど、重要性は低くなる。
・構造体として効率性がよく、耐久性があり、維持管理がしやすい。トータルで見て経済的である。

これらの設計原則が適用された、すでに進行中の様々なプロジェクト（エアフルトーハレ・ライプツィヒ間の高速新線ウンシュトルト高架橋、シェルコンデ高架橋、ゲンゼバッハ高架橋または高速新線エベンズフェルトーエアフルト間のグルベン高架橋）において、セミインテグラル構造は、すでに実証された水準にある技術であることが証明されている。いずれにせよ、さらなる発展が望まれる。

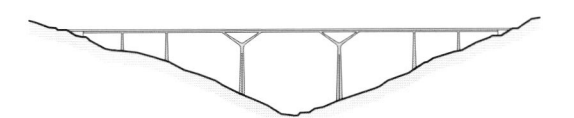

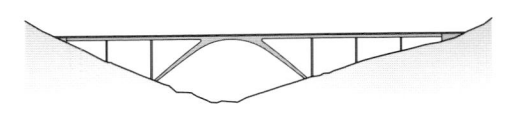

セミインテグラル構造　　　　　　　　　　セミインテグラル構造

2.3.6 スライド式軌道スラブ

コンセプト図（断面）

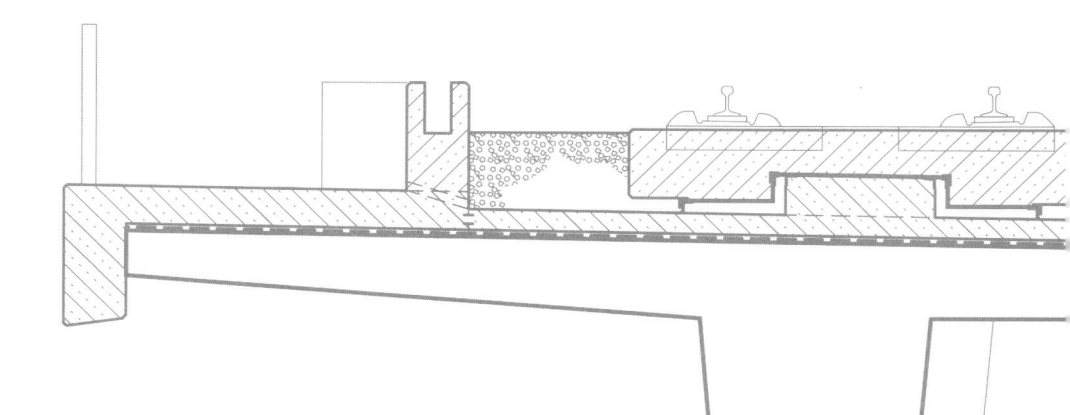

通常、スライド式軌道スラブ（インテグラル軌道スラブ）はまくらぎとレールがしっかりと固定されたRCスラブ（例えば、C25/30）から成り、橋面上に設置される。その断面積は、橋梁の断面積の約10％から15％である。

そして、スライド式軌道スラブは橋桁上を橋軸方向にスライドし、橋軸直角方向には動かない。［Fastenau, W., Widmann, H., Jetter, A.; Die Feste Fahrbahn „Bauart Züblin", 1991 またはSchlaich Bergermann und Partner/ J. Schlaich, H. Schober, T. Fackler: Bahnbrücken mit durchgehendem Gleisbett, 2003］

スライド式軌道スラブは、二つの堅牢な橋台をシームレスに接続するので、線路の継ぎ目が不要となる。橋台で受け持つ拘束力の大きさは、インテグラル橋の場合よりも小さくなる（2.3.5項を参照）。線路にかかる制動荷重の最大値6.0MNは拘束力の最大値とほぼ同じ大きさである。橋軸方向にかかる制動荷重や始動荷重は、レールから連続的に軌道スラブに伝達される。温度変化や乾燥収縮に起因するひび割れの発生や疲労に関しては、詳細な検討が必要である。また、鉄筋の塑性変形を避けるために、コンクリートと鉄筋のそれぞれの最適断面や付着性能に関するさらなる研究と実験も必要である。レールと一体化されたスライド式軌道スラブは、端部で堅牢な橋台に固定されていて、温度変化や乾燥収縮で発生する拘束力、制動荷重や始動荷重を負担して、それらを橋台に伝える。つまり、桁にはいかなる橋軸方向の変位も

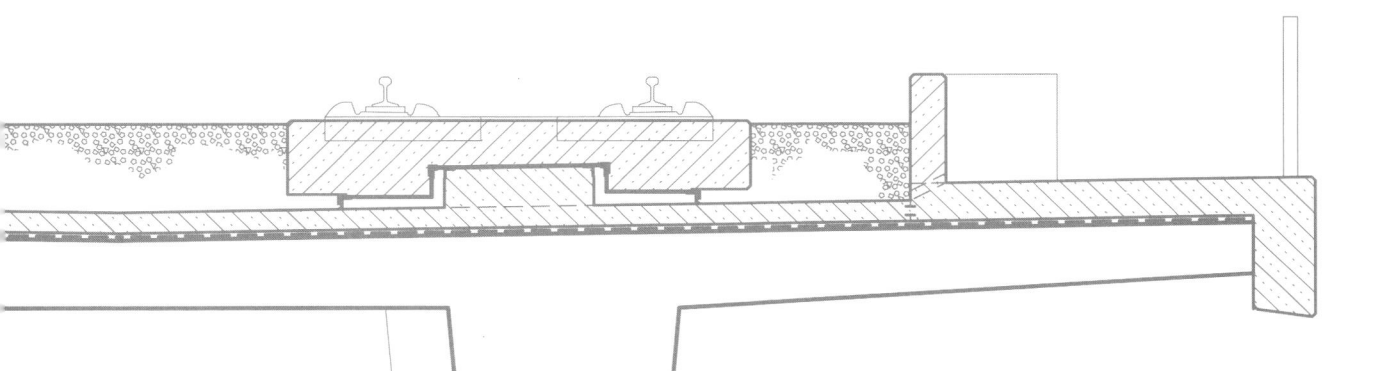

発生しない。それゆえ、インテグラル橋のように、拘束力は橋長に関係しない（2.3.5項を参照）。

スライド式軌道スラブは、下面と鉛直面にフッ素樹脂コーティングされたステンレス鋼の摺動面を持つ。このスライド式軌道スラブはメンテナンスが不要で、寿命は約100年とされているが、この間に交換も必要がない。このような長い寿命のものは、長期的な摩耗がほとんどないトランスラピッド〈訳注：ドイツで開発された磁気浮上式高速鉄道〉のために開発されたもので、技術的に承認されている。

摩擦係数の上限・下限値を設定して、スライド式軌道スラブと上部工を設計する。温度変化で発生する摩擦力を見積もる際には、列車荷重を考慮する必要はない。つまり摩擦力は、非常に小さい値のままである。

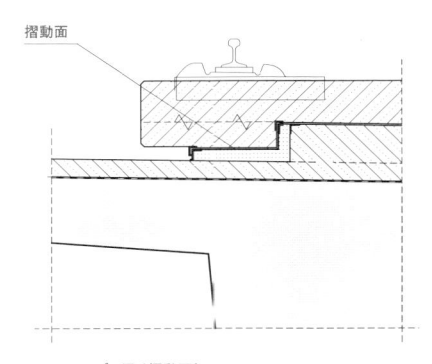

コンセプト図（摺動面）

平面的に曲線を描く軌道スラブにかかる水平力は、橋の全体にわたって突起部分で受け止められる。橋が上方向に凸型に変形したときに発生する鉛直力は自重と逆向きに作用する。

　スライド式軌道スラブは端部の部材角に配慮が必要である。橋台との間にできる隙間は小さいので、レールの固定点で発生する応力は小さい。そして、支承線から約5ｍの間にスライド板を設置する。

　スライド式軌道スラブの特性は以下のとおりである。

・橋梁の構造と軌道スラブは、橋軸方向には独立しているので、その設計仕様（例えば、構造的な不連続部など）を、上部工に要求される設計条件とは分けて考えることができる。
・橋の長さや構造システムによらず、線路の継ぎ目は不要である。
・橋台と不連続部における鉛直方向の角折れは、スライド式軌道スラブで補正されるので、調整板は不要である。
・列車の乗り心地が改善される。
・橋軸方向にかかる制動荷重や始動荷重は、橋の構造体には作用せず、スライド式軌道スラブから橋台に伝達される。つまり、重くて高価な制動荷重を受け持つための橋脚は不要となる。
・拘束力や制動荷重により橋台に応力が発生するため、地盤によっては追加の措置（例えば、グラウンドアンカー）が必要となるが、橋長が大きくなるほど、その重要性は低くなる。
・構造体として効率性がよく、耐久性があり、維持管理がしやすい。
・軌道スラブの修理が必要になる場合はほとんど考えられないが、そのような場合でも、簡単に持ち上げることができるので、水平方向の摺動面を交換することはできる。
・トータルで見て経済的である。

　スライド式軌道スラブは、革新性の高い、新しい構造である。建設業界とドイツ鉄道が、一丸となって開発に取り組み、実施可能なレベルまで引き上げるべきであろう。

提案例──これは仕様ではなく、提案である！

この章では、自然の中（3.1、3.2項）や、どちらかと言えば、都市部（3.4項）での、いくつかの典型的な状況における、基本的な提案例を図示する。これは、完璧さを求めるようなものでは決してない。むしろ、エンジニアに限らず、プロジェクトマネジャーや施主に、刺激を与えるものとして理解していただきたい。それぞれの場所ごとに、経済的にも美観的にも適切で、その土地の条件に沿って最適化された独自の解決策を見つけるためのものである。

ここに示した提案例は、評価プロセスの第1段階（2.2.4項を参照）を通過している、すなわち基本的にはすべての要求を満たしていると想定されたものである。

提案例の一部には、技術革新の促進を目的に、ドイツ鉄道の承認を必要とするものもある。

1

2

1
エアフルト―
ハレ・ライプツィヒ間の高速新線、
シェルコンデ高架橋
2010年

2
ハーフェル橋、
ベルリン・シュパンダウ
1998年

3
マイン橋、
ナンテンバッハ
1993年

3.1 高架橋の分類

いくつかの種類の典型的な谷における、基本的な設計例を以下に示す。
特徴的な事柄については注釈をつけている。

3.1.1
広く平坦で、深い谷（40m以上）
高速新線エアフルト―
ハレ・ライプツィヒ間の
ウンシュトルト高架橋
2010年

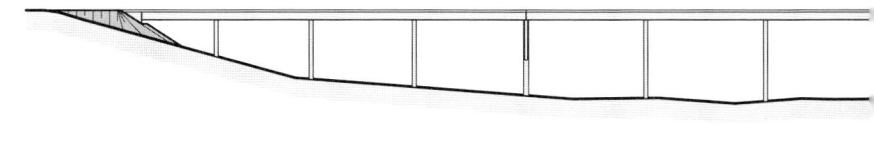

3.1.2
広く平坦で、ほどほどに深い谷
（15〜40m）
高速新線エアフルト―
ハレ・ライプツィヒ間の
ゲンゼバッハ高架橋代替案

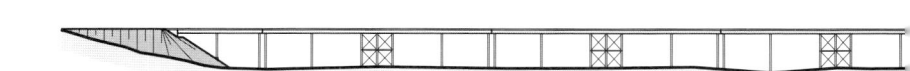

3.1.3
狭く平坦で、浅い谷（15m以下）
高速新線エアフルト―
ハレ・ライプツィヒ間の
シュトーブニッツ高架橋

3.1.4
急峻な谷
高速新線ヴェンドリンゲン―
ウルム間のフィルス高架橋

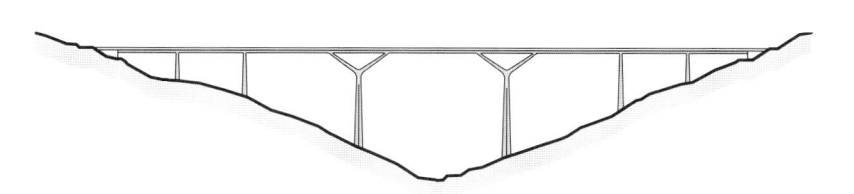

提案例――これは仕様ではなく、提案である！

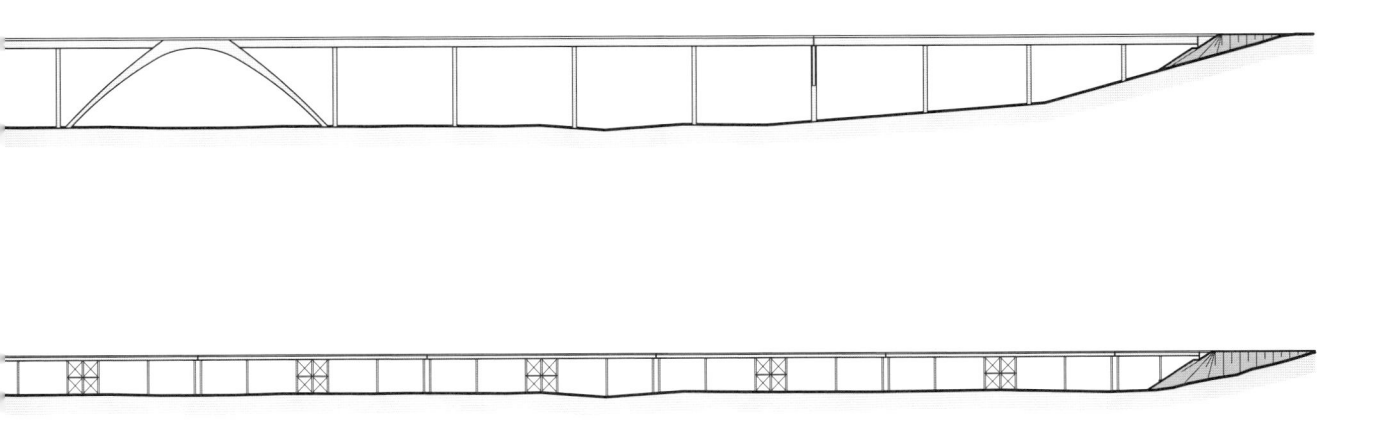

3.1.1

3.1.2

3.1.3

3.1.4

高架橋の分類

3.1.1 広く平坦で、深い谷
全体プラン A〜J タイプ

A

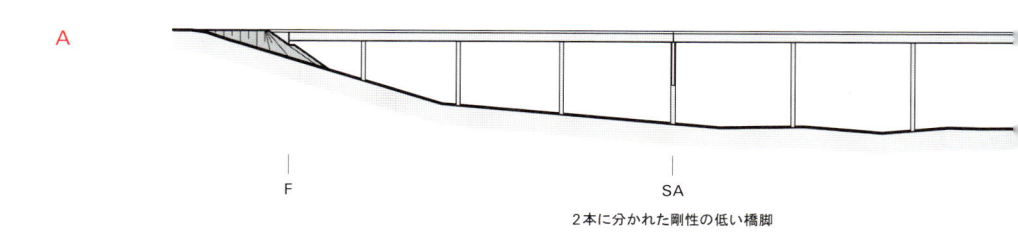

F　　　　　　　　　　SA
2本に分かれた剛性の低い橋脚

B

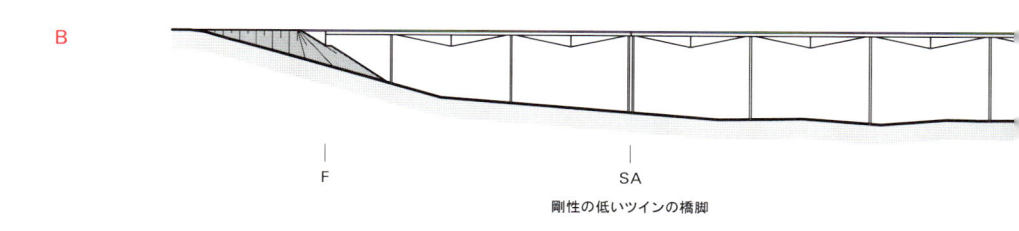

F　　　　　　　　　　SA
剛性の低いツインの橋脚

C

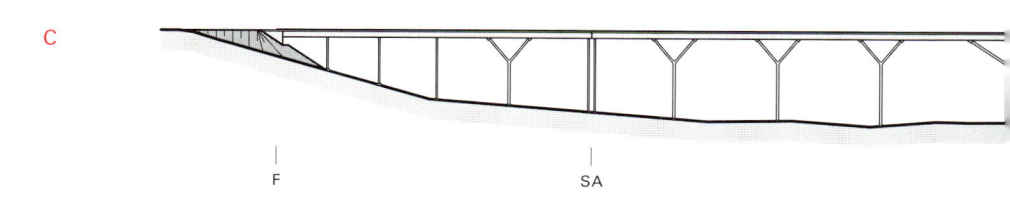

F　　　　　　　　　　SA

F：固定点
SA：レールの伸縮継目
（各々のケースで必要性を確認）

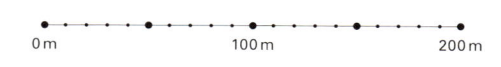

0m　　　　100m　　　　200m

提案例——これは仕様ではなく、提案である！

Aタイプ
シングルのPC箱桁から成る上部工｜桁高支間比Ls/h＝12の多径間連続桁｜上部工と剛結合された薄い壁式橋脚｜がっしりとしたアーチ形の方杖に支えられた大きな中央支間｜アーチクラウンと上部工の一体化、脚を広げたスプリンギング｜支承は不要｜2か所の上部工の不連続部と、2本に分かれた剛性の低い橋脚｜制動荷重はアーチと橋台で受け持たれる｜上部工の不連続部上にあるレールの伸縮継目

Bタイプ
鋼版の下弦材で補剛された、剛性の高い二つ並んだPCT桁から成る上部工｜桁高支間比Ls/h＝29の多径間連続桁、下弦材も含めるとLs/h＝8｜鋼製橋脚と補剛された上部工の剛結合｜支承は不要｜2か所の上部工の不連続部と、剛性の低いツインの橋脚｜制動荷重は中央の橋脚群と橋台で受け持たれる｜上部工の不連続部上にあるレールの伸縮継目

Cタイプ
剛性の高い、二つ並んだPCT桁から成る上部工｜桁高支間比Ls/h＝12の多径間連続桁｜上部工と剛結合された、2本に分かれた鋼製橋脚｜支承は不要｜2か所の上部工の不連続部と、2本に分かれた剛性の低い橋脚｜制動荷重は中央の橋脚群と橋台で受け持たれる｜上部工の不連続部上にあるレールの伸縮継目

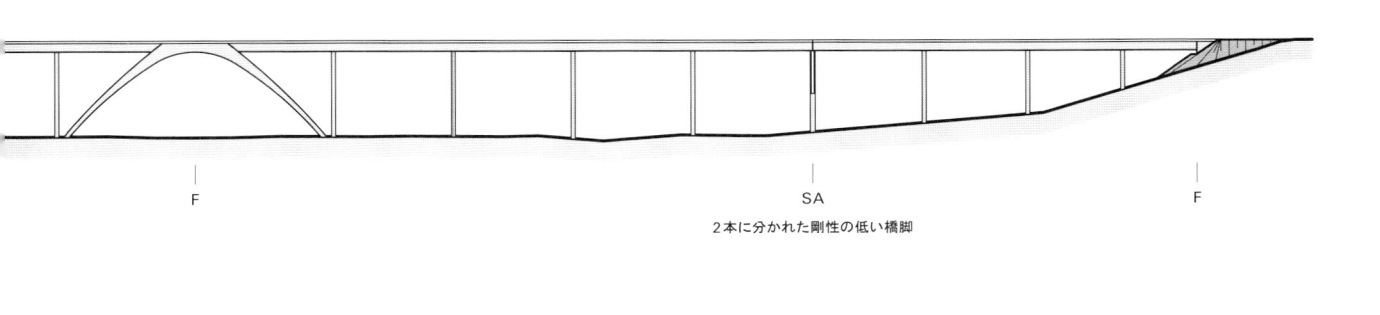

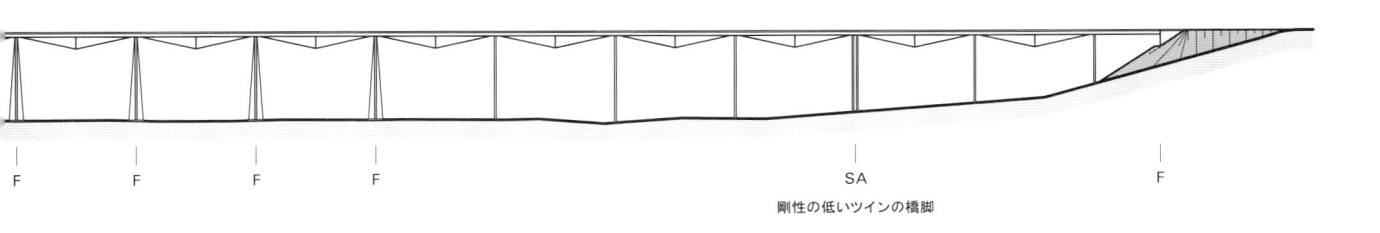

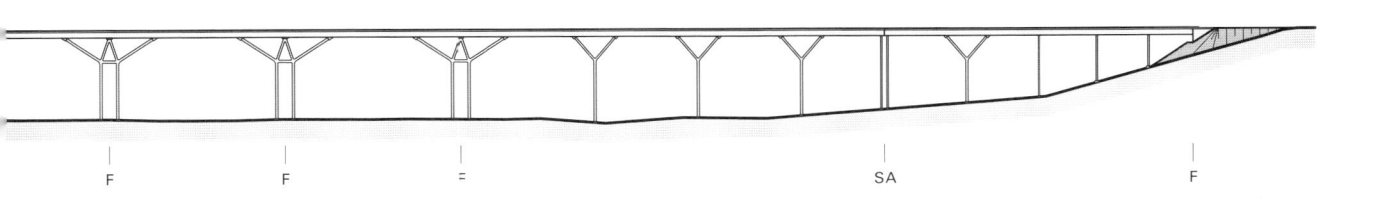

F　　　　　　　　　　　　　　　　　　SA　　　　　　　　　　　　F
2本に分かれた剛性の低い橋脚

F　F　F　F　　　　　　　　　　　　SA　　　　　　　　　　　　F
剛性の低いツインの橋脚

F　F　＝　　　　　　　　　　　　　SA　　　　　　　　　　　　F

高架橋の分類

D

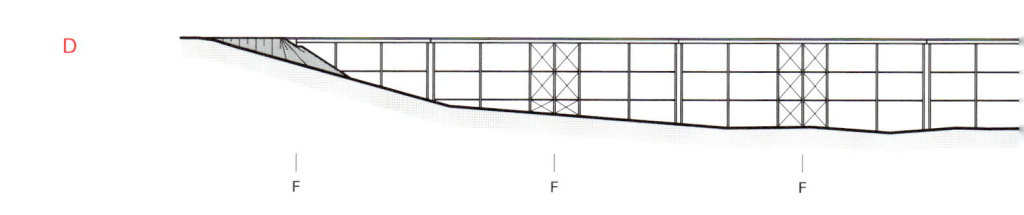

F   F   F

E

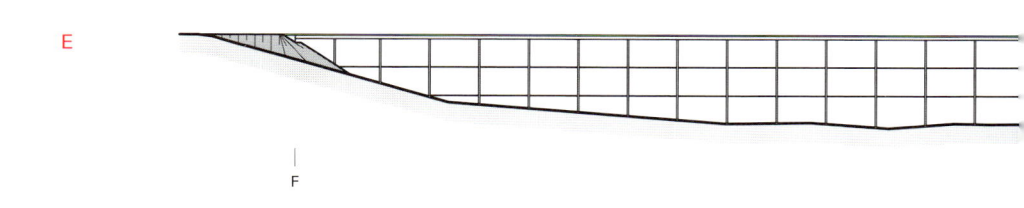

F

F

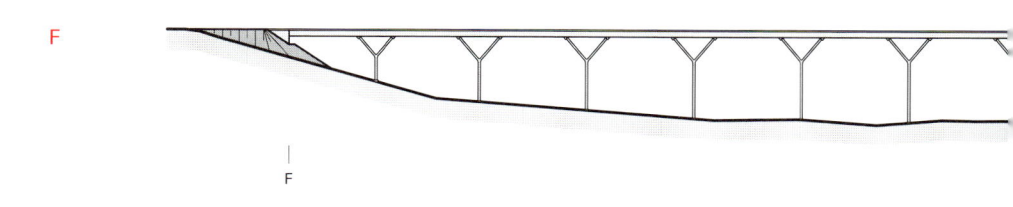

F

F：固定点
SA：レールの伸縮継目
（各々のケースで必要性を確認）

0 m   100 m   200 m

提案例──これは仕様ではなく、提案である！

Dタイプ
剛性の高い、二つ並んだPCT桁から成る上部工｜桁高支間比Ls/h＝12の多径間連続桁｜鋼製橋脚と上部工の剛結合｜支承は不要｜上部工の不連続部と、剛性の低いツインの橋脚｜制動荷重はトラス状に組み立てられた橋脚と橋台で受け持たれる｜レールの伸縮継目は不要

Eタイプ（インテグラル橋）
剛性の高い、二つ並んだPCT桁から成る上部工｜桁高支間比Ls/h＝12の多径間連続桁｜鋼製橋脚と上部工の剛結合｜支承も不連続部も不要｜拘束力と制動荷重は橋台で受け持たれる｜レールの伸縮継目は不要｜場合によっては、橋台より外側に不連続部を配置（背面盛り土部）

Fタイプ（インテグラル橋）
剛性の高い、二つ並んだPCT桁から成る上部工｜桁高支間比Ls/h＝12の多径間連続桁｜上部工と剛結合された、2本に分かれた細い鋼製橋脚｜支承も不連続部も不要｜拘束力と制動荷重は橋台で受け持たれる｜レールの伸縮継目は不要｜場合によっては、橋台より外側に不連続部を配置（背面盛り土部）

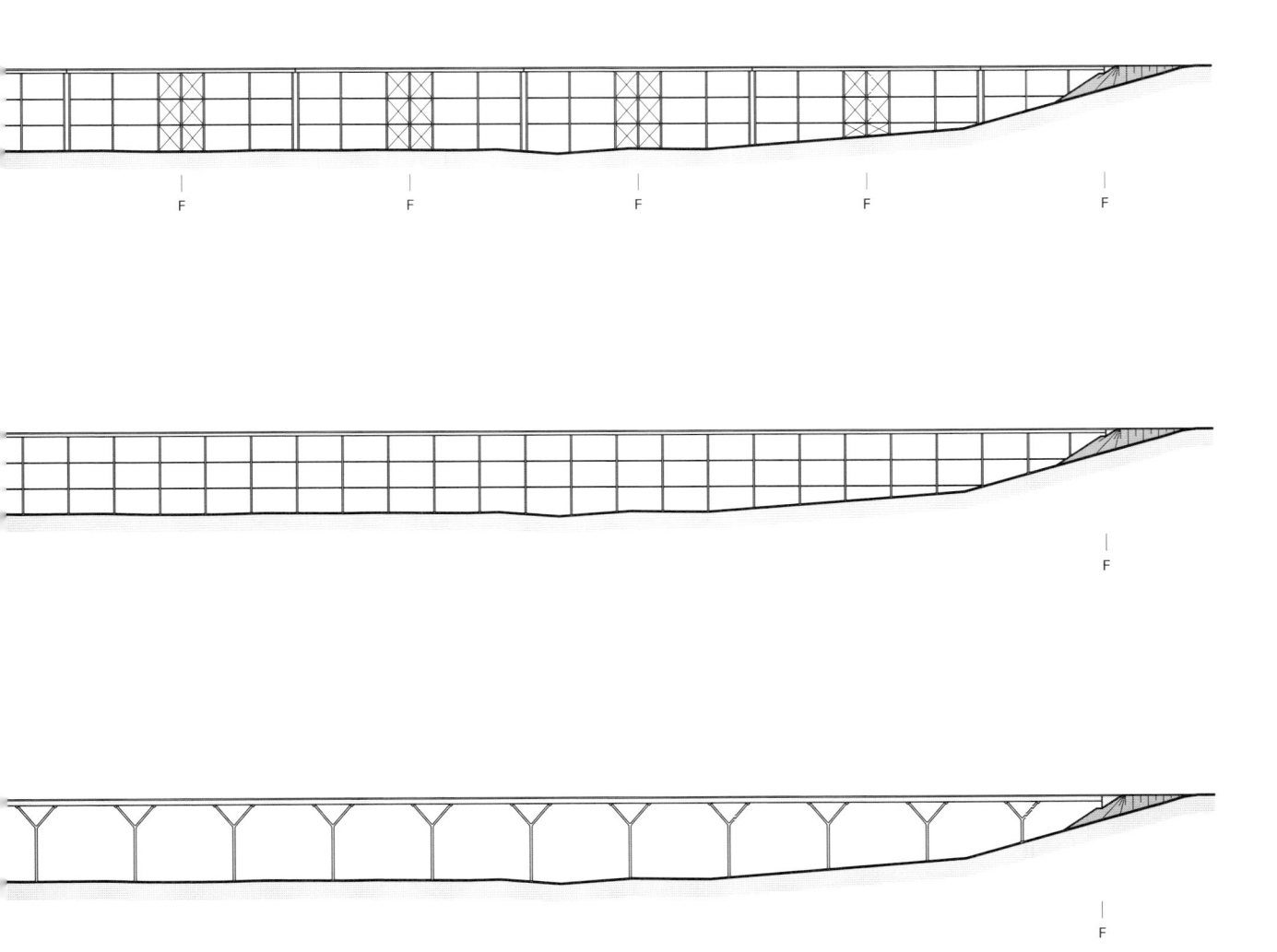

高架橋の分類

G

F

H

F

I

F

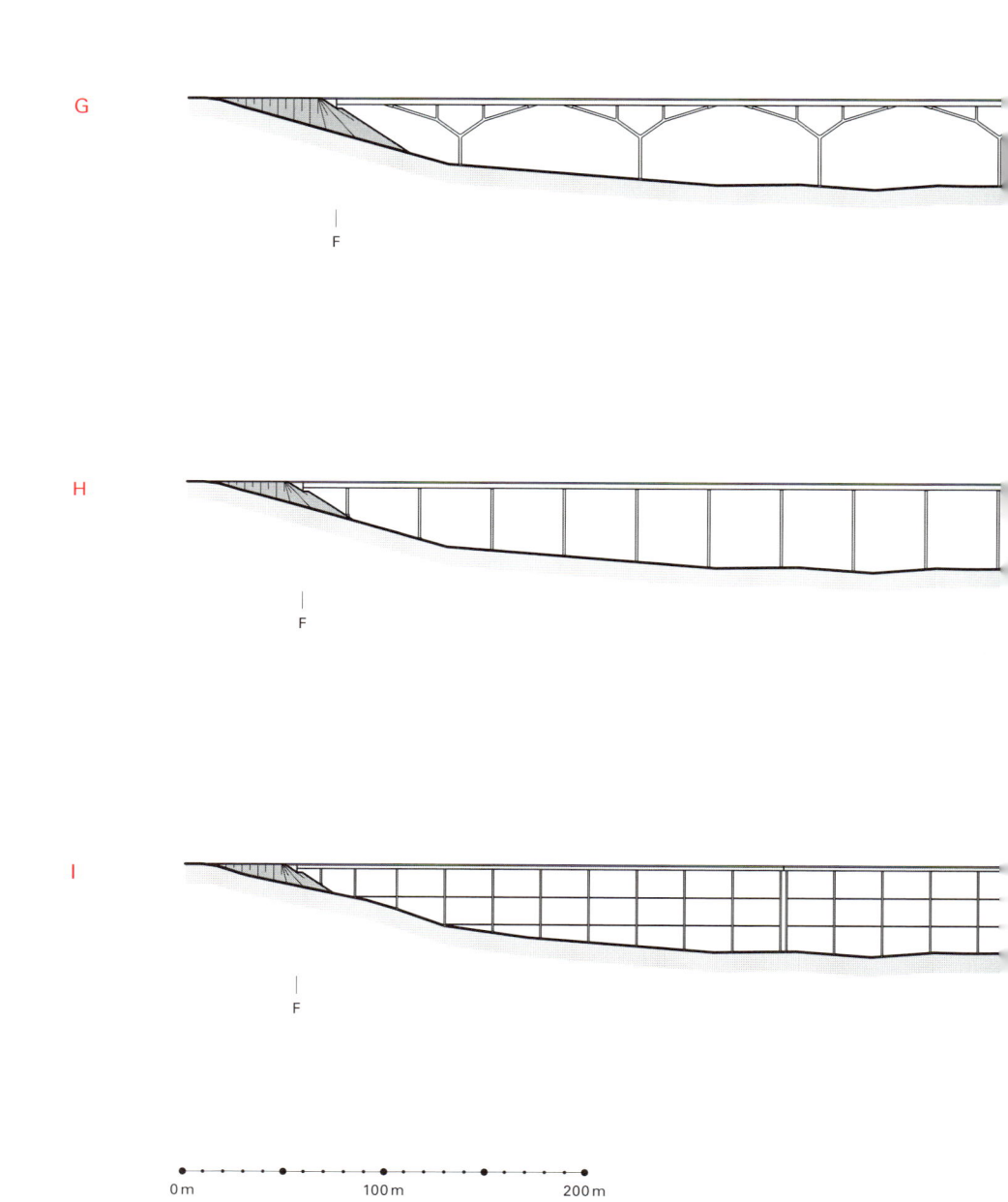

0 m　　　100 m　　　200 m

F：固定点
SA：レールの伸縮継目
（各々のケースで必要性を確認）

50　51　　　提案例──これは仕様ではなく、提案である！

Gタイプ

剛性の高い、二つ並んだRCT桁から成る上部工｜支間Ls＝80mの多径間連続桁｜鋼管（鋳鋼製格点の使用）から成る連続したアーチ｜上部工との剛結合｜支承も不連続部も不要｜拘束力と制動荷重は橋台で受け持たれる｜レールの伸縮継目は不要｜場合によっては、橋台より外側に不連続部を配置（背面盛り土部）

Hタイプ（インテグラル橋）

剛性の高い、二つ並んだPCT桁から成る上部工｜支間Ls＝30mまたは80mの多径間連続桁｜細い鋼製橋脚と、河川をまたぐための鋼管アーチ（鋳鋼製格点の使用）｜上部工との剛結合｜支承も不連続部も不要｜拘束力と制動荷重は橋台で受け持たれる｜レールの伸縮継目は不要｜場合によっては、橋台より外側に不連続部を配置（背面盛り土部）

Iタイプ
（スライド式軌道スラブを適用した橋）

剛性の高い、二つ並んだPCT桁から成る上部工｜桁高支間比Ls/h＝12の多径間連続桁｜上部工と剛結合された鋼製橋脚｜支承は不要｜上部工の不連続部と、剛性の低いツインの橋脚｜拘束力と制動荷重は、スライド式軌道スラブと橋台で受け持たれる｜レールの伸縮継目は不要

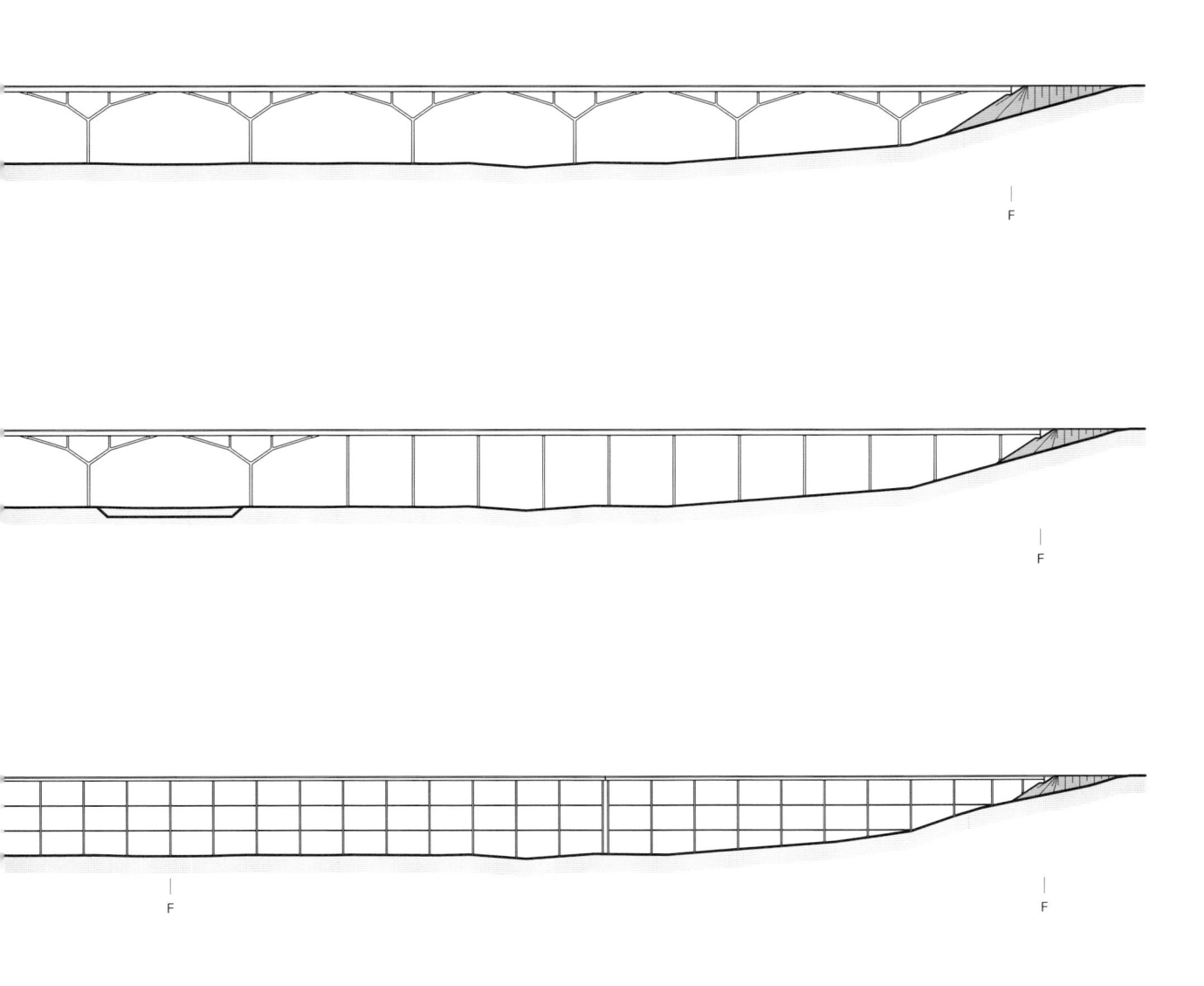

高架橋の分類

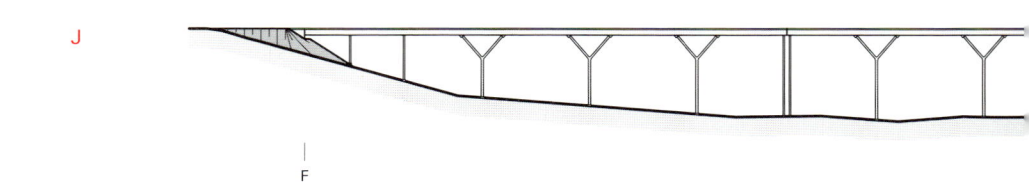

F：固定点
SA：レールの伸縮継目
（各々のケースで必要性を確認）

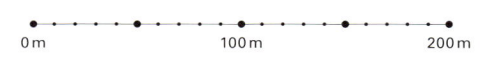

0 m　　　　100 m　　　　200 m

高架橋の典型的な断面　　　　　　　　　　箱桁

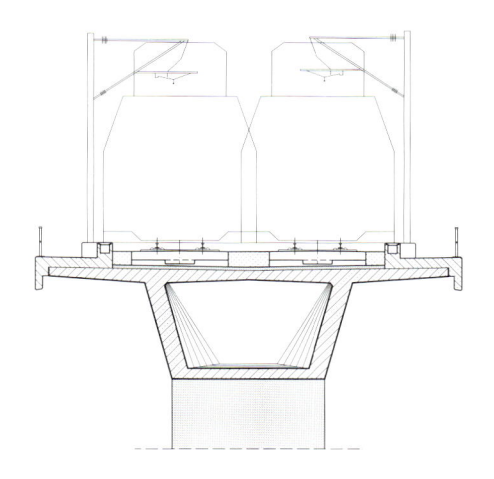

提案例——これは仕様ではなく、提案である！

Jタイプ
(スライド式軌道スラブを適用した橋)
剛性の高い、二つ並んだPCT桁から成る上部工｜支間Ls＝50ｍの多径間連続桁｜上部工と剛結合された、2本に分かれた細い鋼製橋脚｜支承は不要｜上部工の不連続部と、剛性の低いツインの橋脚｜拘束力と制動荷重は、スライド式軌道スラブと橋台で受け持たれる｜レールの伸縮継目は不要

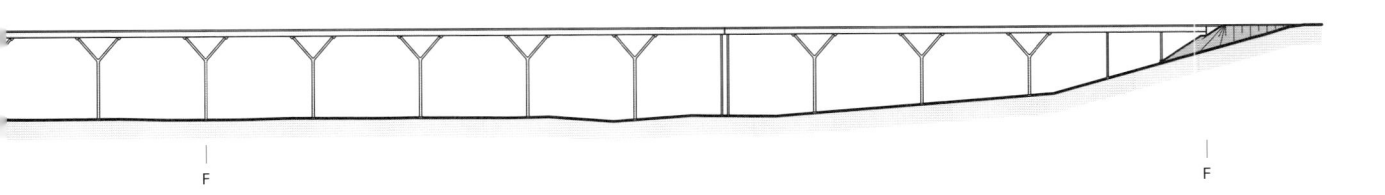

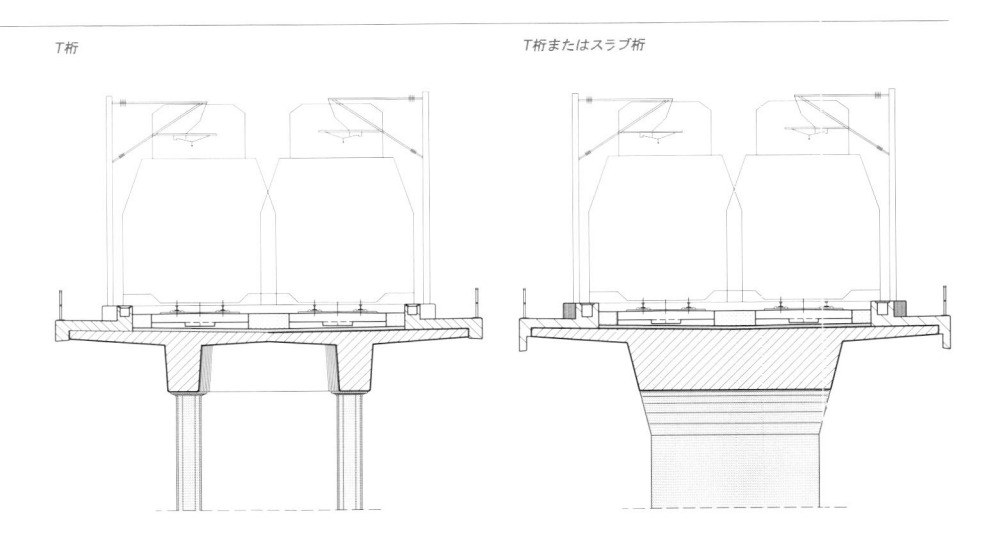

T桁　　　　　　　　　　T桁またはスラブ桁

高架橋の分類

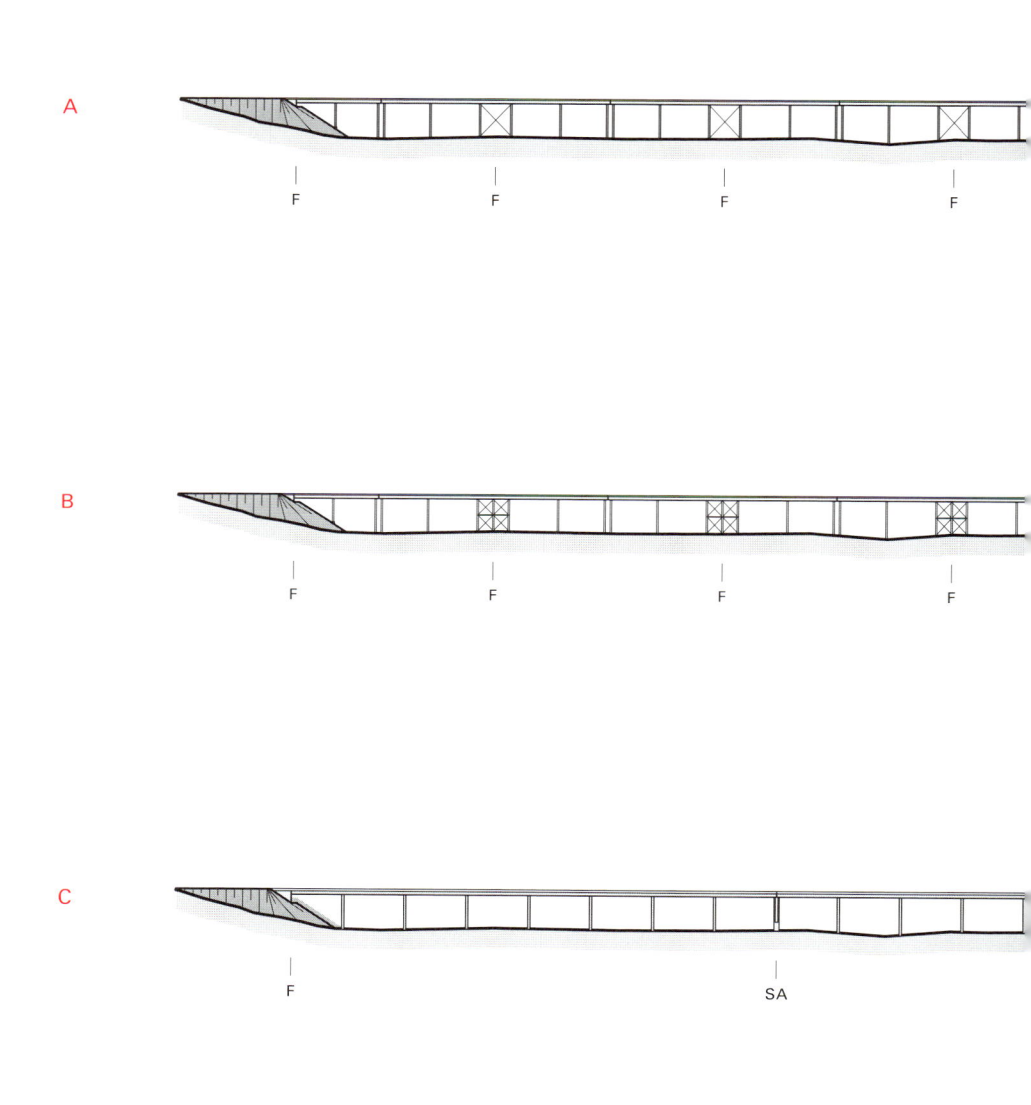

3.1.2 広く平坦で、ほどほどに深い谷
全体プラン A〜Fタイプ

A

F　　　F　　　F　　　F

B

F　　　F　　　F　　　F

C

F　　　　　　　　SA

F：固定点
SA：レールの伸縮継目
（各々のケースで必要性を確認）

0m　　100m　　200m

提案例——これは仕様ではなく、提案である！

Aタイプ
剛性の高い、二つ並んだPCT桁から成る上部工｜桁高支間比Ls/h＝12の多径間連続桁｜鋼製橋脚と上部工の剛結合｜支承は不要｜上部工の不連続部と、剛性の低いツインの橋脚｜制動荷重は2本の橋脚がトラス状に組まれたトレッスルと橋台で受け持たれる｜レールの伸縮継目は不要

Bタイプ（「代替コンセプト」に対応したもの、ディテールも参照のこと）
剛性の高い、二つ並んだPCT桁から成る上部工｜桁高支間比Ls/h＝12の多径間連続桁｜鋼製橋脚と上部工の剛結合｜支承は不要｜上部工の不連続部と、剛性の低いツインの橋脚｜制動荷重は3本の橋脚がトラス状に組まれたトレッスルと橋台で受け持たれる｜レールの伸縮継目は不要

Cタイプ
シングルのPC箱桁から成る上部工｜桁高支間比Ls/h＝12の多径間連続桁｜上部工と、（可能であれば）剛結合された薄い壁式橋脚｜がっしりとしたアーチ形の方杖に支えられた大きな中央支間｜一体化されたアーチクラウンと上部工、脚を広げたスプリンギング｜支承は不要｜2か所の上部工の不連続部と、2本に分かれた剛性の低い橋脚｜制動荷重はがっしりとしたアーチと橋台で受け持たれる｜上部工の不連続部上にあるレールの伸縮継目

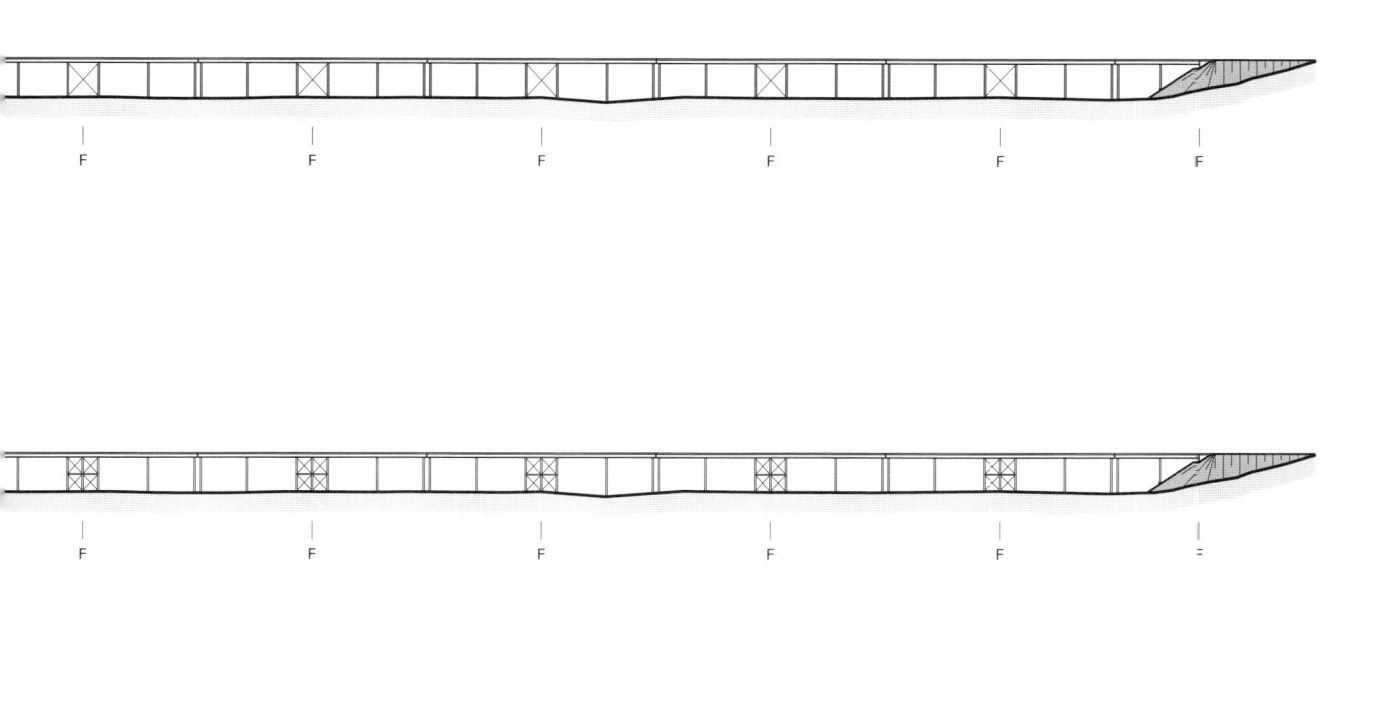

高架橋の分類

D

F   SA

E

SA

F

F

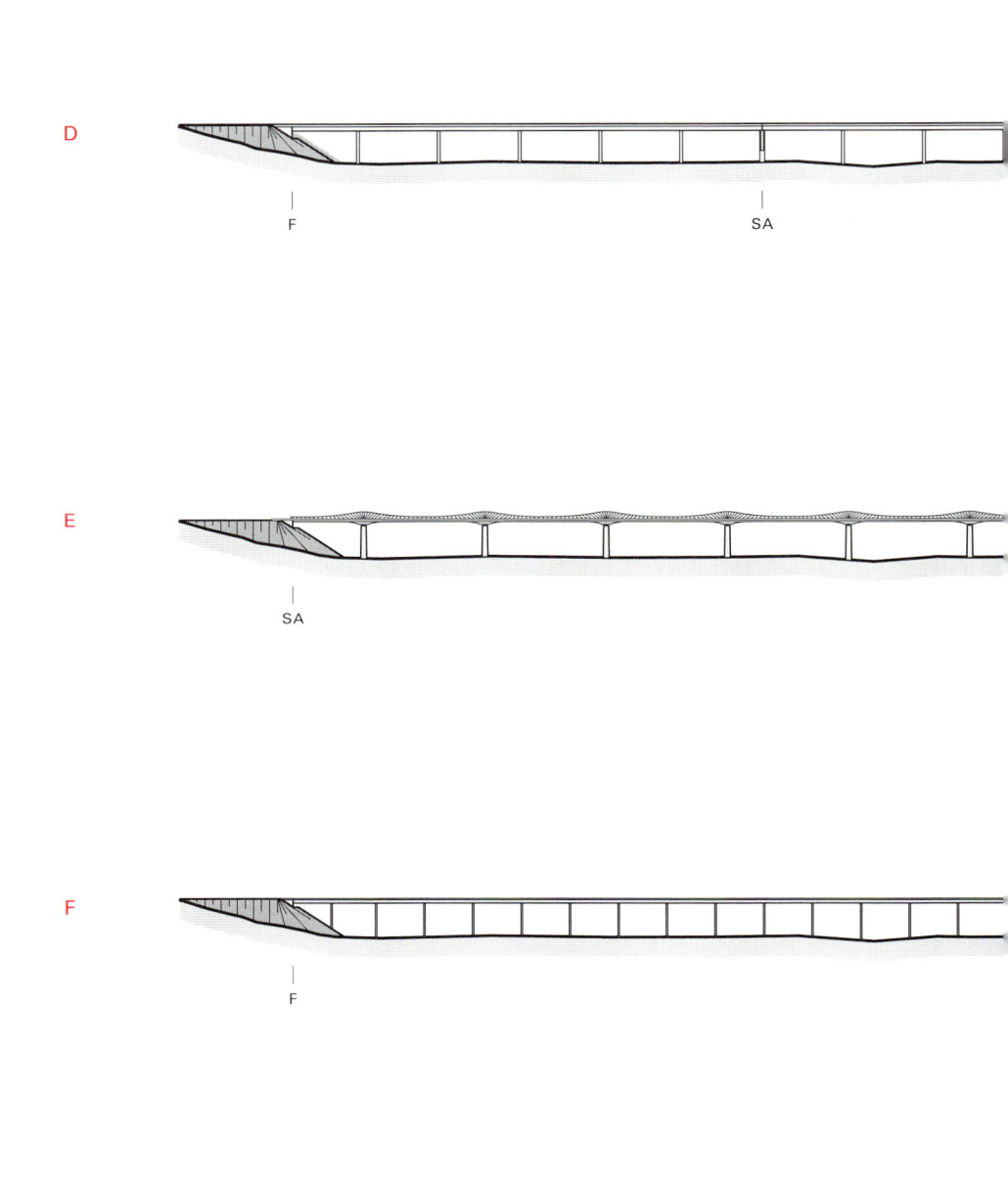

F：固定点
SA：レールの伸縮継目
（各々のケースで必要性を確認）

0m 100m 200m

56　57　　　　提案例——これは仕様ではなく、提案である！

Dタイプ
シングルのPC箱桁から成る上部工｜桁高支間比Ls/h=12の多径間連続桁｜上部工と、（可能であれば）剛結合された薄い壁式橋脚、または中空鋼製橋脚｜大きな中央支間はV字型橋脚上のハンチのつけられた上部工でまたぐ｜（可能であれば）支承はなし｜2か所の上部工の不連続部と、2本に分かれた剛性の低い橋脚｜制動荷重は中央のラーメン橋脚と橋台で受け持たれる｜上部工の不連続部上にあるレールの伸縮継目

Eタイプ
フィンバック型の鋼製ウェブで補剛された、剛性の高いRCスラブ式プレートガーダーから成る上部工｜壁式橋脚上に支承を持つ多径間連続桁｜両橋台上にある上部工の不連続部｜制動荷重は橋脚で受け持たれる｜橋梁端部にあるレールの伸縮継目

Fタイプ（インテグラル橋）
剛性の高い、二つ並んだPCT桁から成る上部工｜桁高支間比Ls/h=12の多径間連続桁｜鋼製橋脚と上部工の剛結合｜支承も不連続部も不要｜拘束力と制動荷重は橋台で受け持たれる｜レールの伸縮継目は不要｜場合によっては、橋台より外側に不連続部を配置（背面盛り土部）

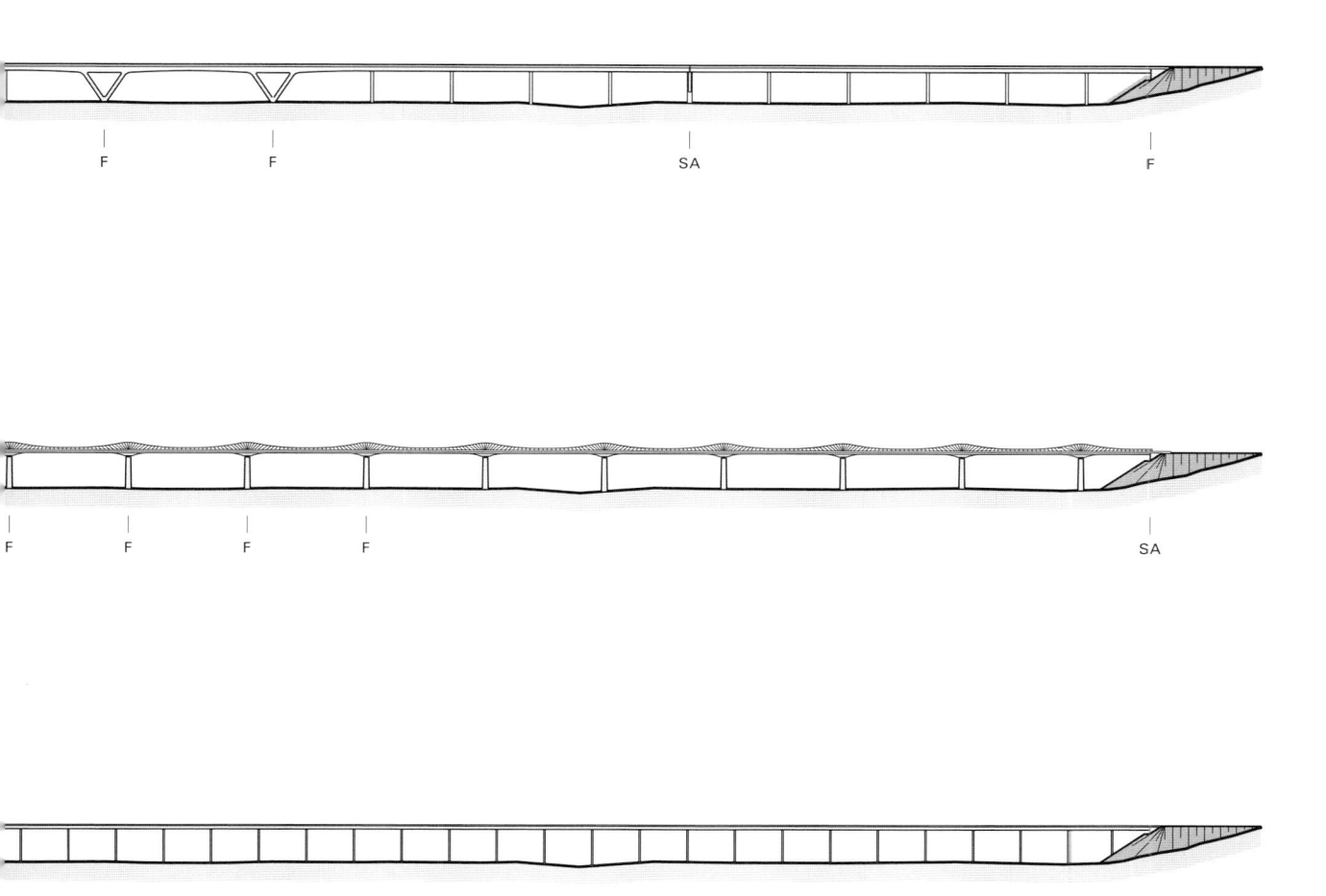

高架橋の分類

3.1.2 広く平坦で、ほどほどに深い谷
「代替コンセプト」のディテール

左ページ:
複合構造橋脚

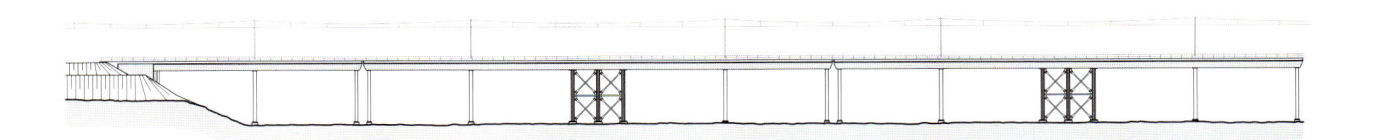

断面図

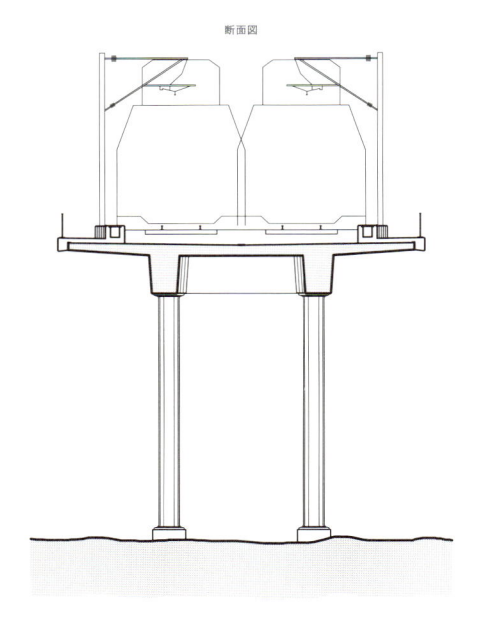

橋脚頭頂部

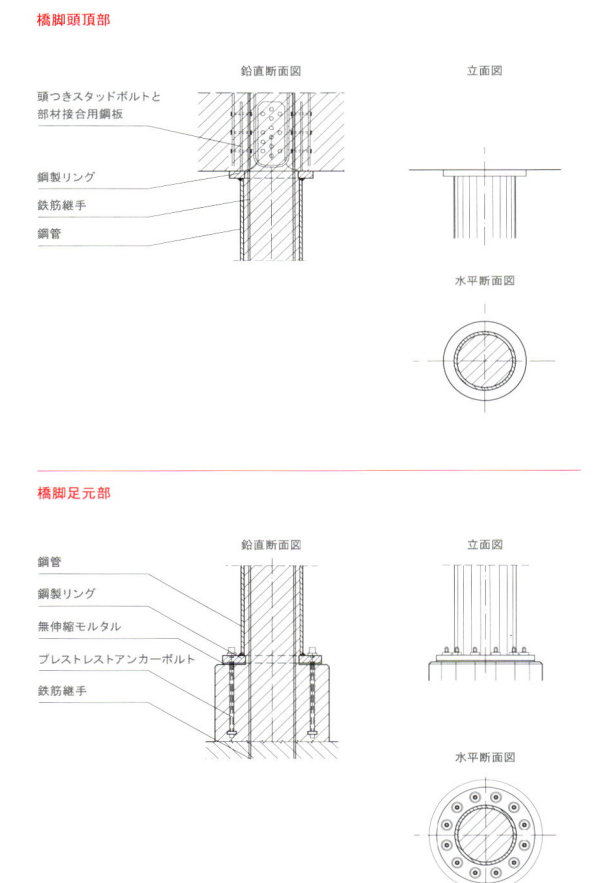

鉛直断面図　立面図

頭つきスタッドボルトと部材接合用鋼板
鋼製リング
鉄筋継手
鋼管

水平断面図

橋脚足元部

鉛直断面図　立面図

鋼管
鋼製リング
無収縮モルタル
プレストレストアンカーボルト
鉄筋継手

水平断面図

右ページ：
ガセットプレートのついた複合構造橋脚と、
板状の鋼製斜材
トラス状に組み立てられたトレッスル部の橋脚

斜材と連結される頭頂部

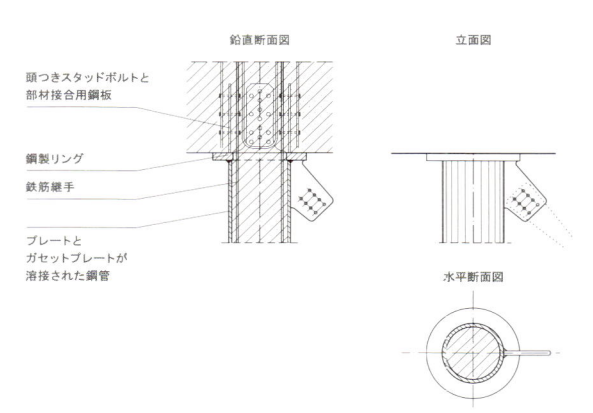

鉛直断面図　立面図

頭つきスタッドボルトと
部材接合用鋼板

鋼製リング
鉄筋継手

プレートと
ガセットプレートが
溶接された鋼管

水平断面図

四つの斜材と連結される部分

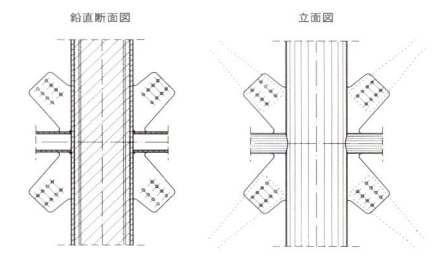

鉛直断面図　立面図

二つの斜材と連結される部分

鉛直断面図　立面図

水平材と
ガセットプレートが
連結された鋼管

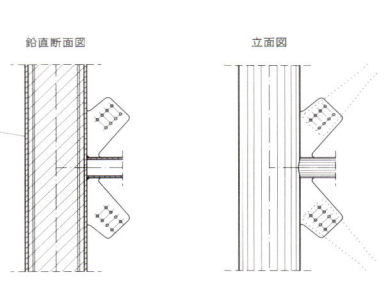

立面図　複合構造橋脚としての鋼管

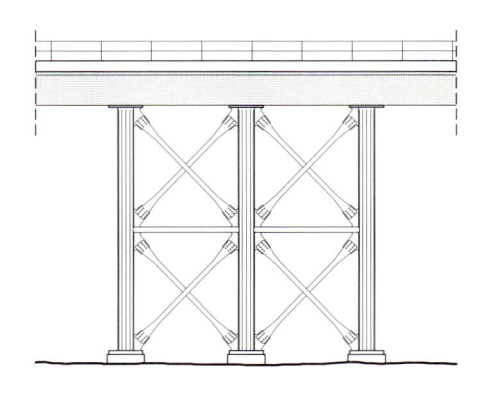

斜材と連結される足元部

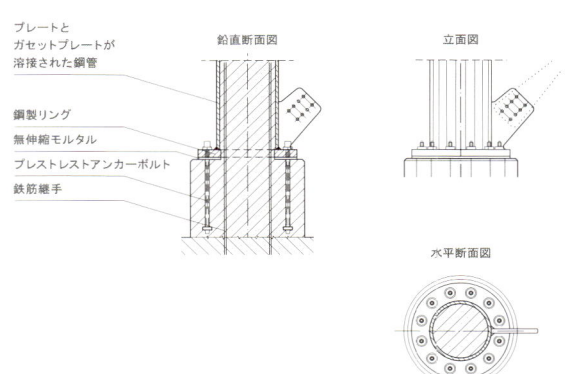

プレートと
ガセットプレートが
溶接された鋼管

鋼製リング
無伸縮モルタル
プレストレストアンカーボルト
鉄筋継手

鉛直断面図　立面図

水平断面図

高架橋の分類

左ページ：
鋳鋼製格点を持つ鋼管橋脚

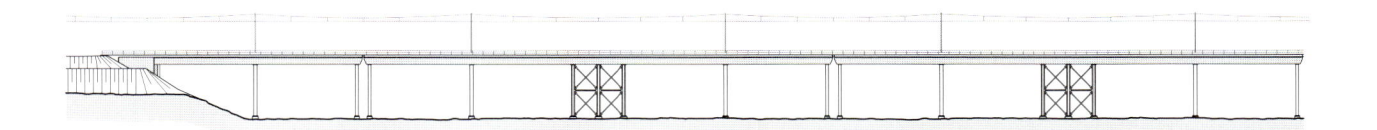

断面図

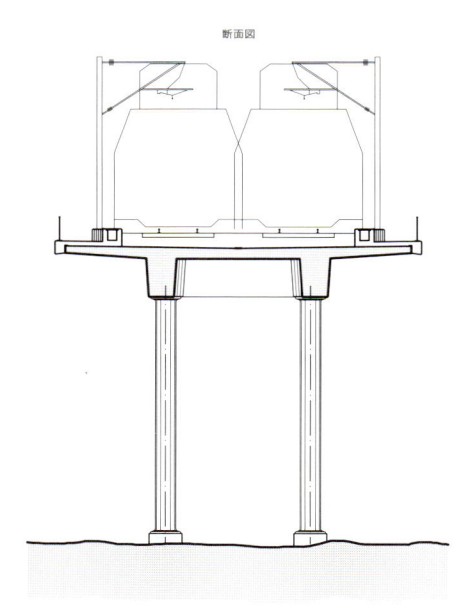

橋脚頭頂部

プレストレスト
アンカーボルト
鋳鋼部材
鉄筋継手

鉛直断面図

立面図

水平断面図

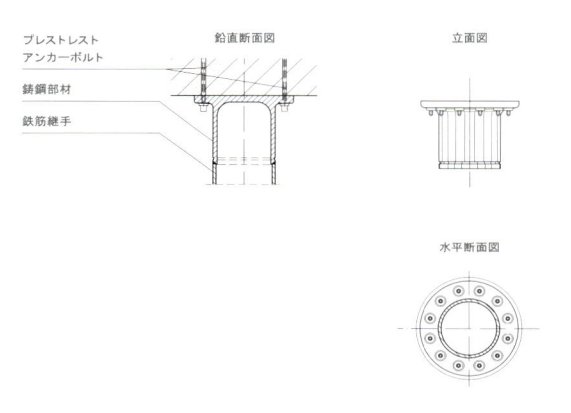

橋脚足元部

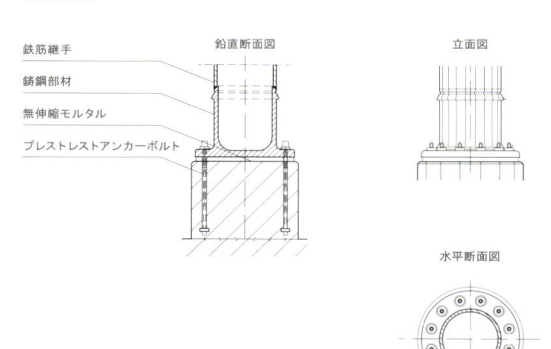

鉄筋継手
鋳鋼部材
無伸縮モルタル
プレストレストアンカーボルト

鉛直断面図

立面図

水平断面図

右ページ:
鋳鋼製格点を持つ鋼管橋脚と、
アイバーの斜材
トラス状に組み立てられたトレッスル部の橋脚

斜材と連結される頭頂部

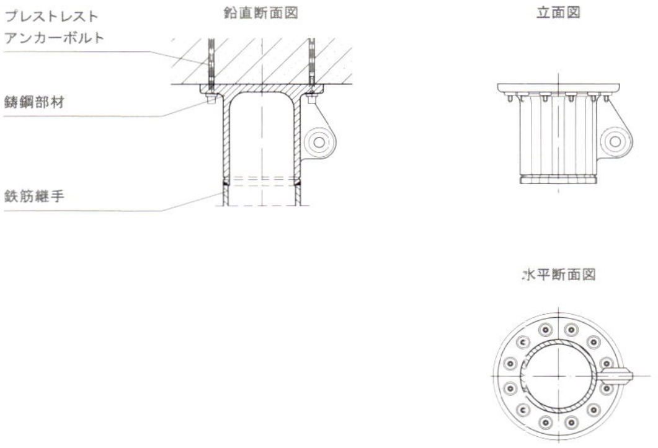

プレストレスト
アンカーボルト
鋳鋼部材
鉄筋継手

鉛直断面図　立面図

水平断面図

四つの斜材と連結される部分

鉛直断面図　　立面図

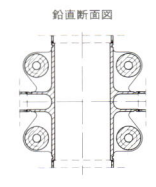

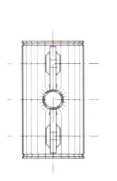

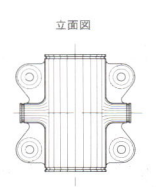

二つの斜材と連結される部分

鋳鋼製格点

鉛直断面図　立面図

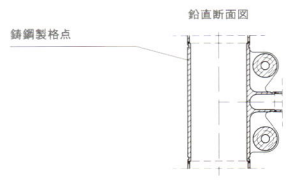

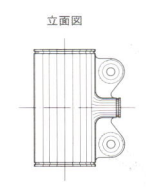

立面図　鋳鋼製格点を持つ鋼管

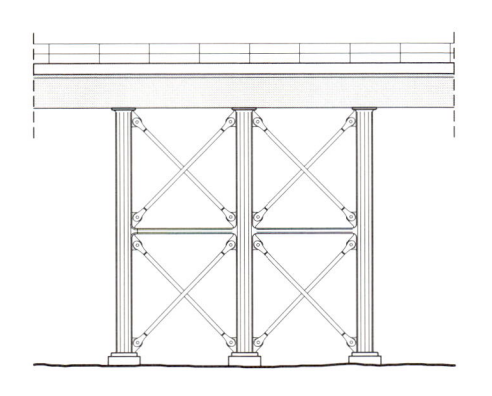

斜材と連結される足元部

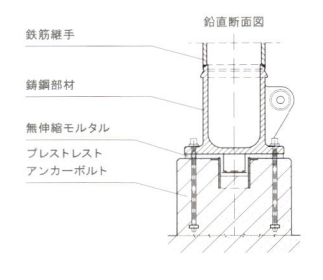

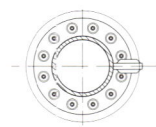

鉄筋継手
鋳鋼部材
無伸縮モルタル
プレストレスト
アンカーボルト

鉛直断面図　立面図

水平断面図

高架橋の分類

左ページ：
橋梁の架け替え

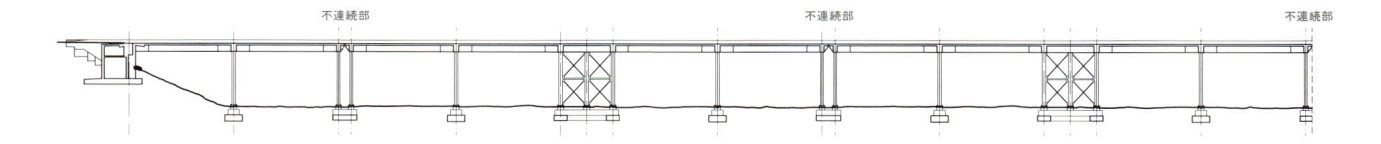

新旧上部工の、同時での水平スライド
（スライド時間はおよそ6時間）

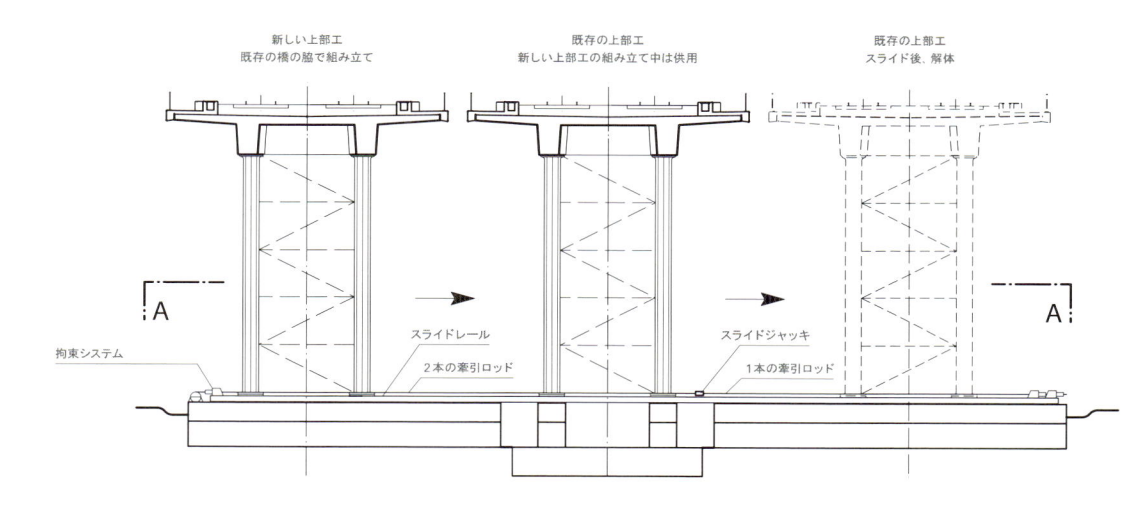

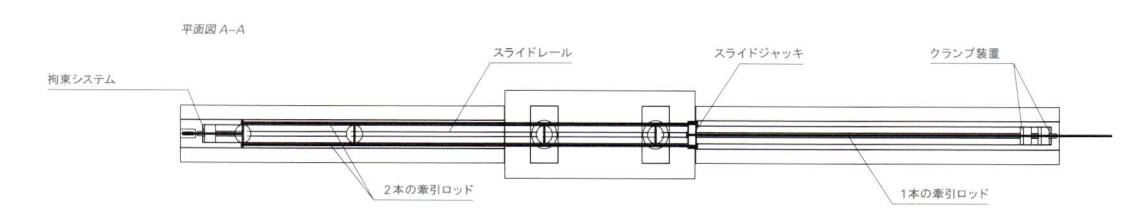

新しい上部工 既存の橋の脇で組み立て	既存の上部工 新しい上部工の組み立て中は供用	既存の上部工 スライド後、解体

拘束システム　スライドレール　2本の牽引ロッド　スライドジャッキ　1本の牽引ロッド

平面図 A-A

拘束システム　スライドレール　スライドジャッキ　クランプ装置
2本の牽引ロッド　1本の牽引ロッド

不連続部

提案例——これは仕様ではなく、提案である！

右ページ:
RC橋脚のタイプ

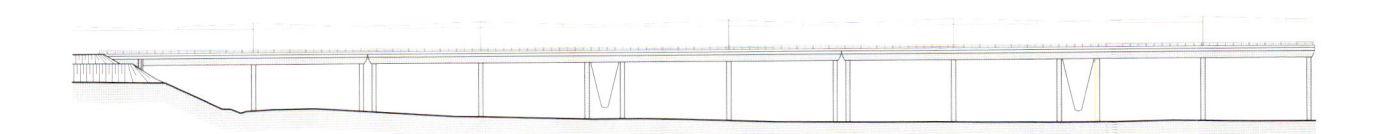

二つの斜材と連結される部分

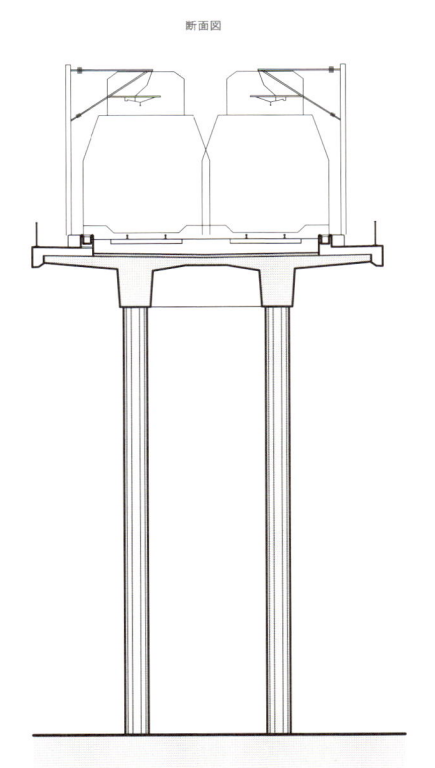

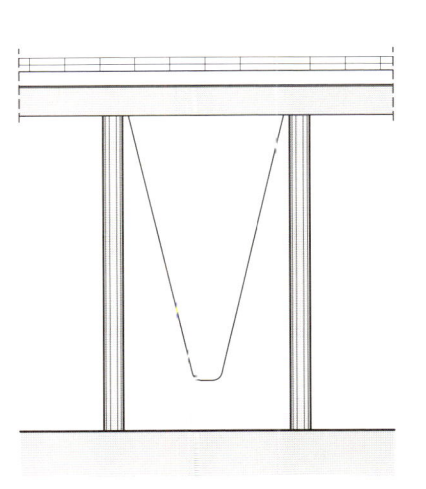

断面図

高架橋の分類

3.1.3 狭くて平坦で、浅い谷
全体プラン A〜Dタイプ

Aタイプ
剛性の高い、二つ並んだPCT桁から成る上部工 | 桁高支間比 Ls/h＝12 の多径間連続桁 | 鋼製橋脚と上部工の剛結合 | 支承は不要 | 上部工の不連続部と、剛性の低いツインの橋脚 | 制動荷重は2本の橋脚がトラス状に組み立てられたトレッスルと橋台で受け持たれる | レールの伸縮継目は不要

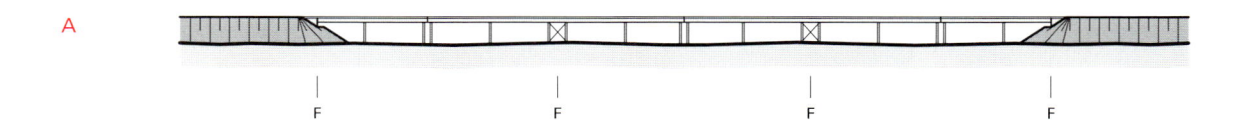

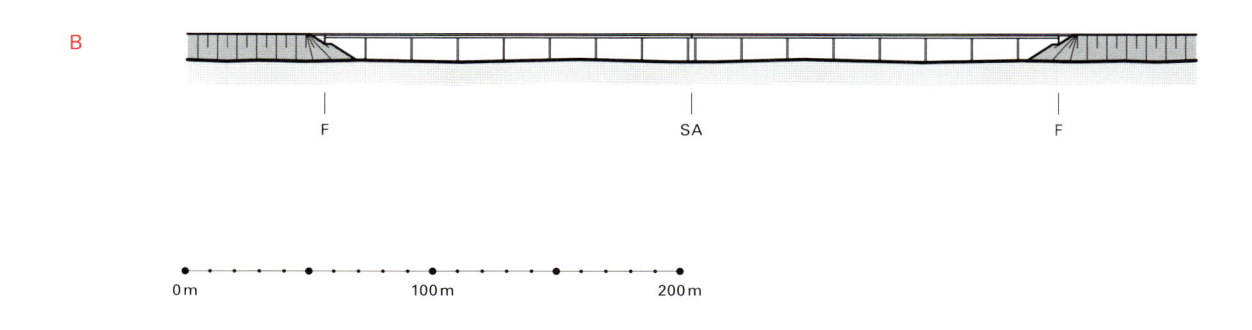

A

F　　　F　　　F　　　F

B

F　　　SA　　　F

0m　　100m　　200m

F：固定点
SA：レールの伸縮継目
（各々のケースで必要性を確認）

Bタイプ
剛性の高い、二つ並んだPCT桁から成る上部工｜桁高支間比Ls/h＝12の多径間連続桁｜鋼製橋脚と上部工の剛結合｜支承は不要｜上部工の不連続部と、剛性の低いツインの橋脚｜制動荷重は橋台で受け持たれる｜上部工の不連続部上にあるレールの伸縮継目

Cタイプ
ハンチのついた、剛性の高い連続したPCT桁から成る上部工｜上部工と剛結合された薄い壁式橋脚から成る多径間連続桁｜（可能であれば）支承はなし｜両橋台上にある上部工の不連続部｜制動荷重は橋脚で受け持たれる｜橋梁端部にあるレールの伸縮継目

Dタイプ
フィンバック型の鋼製ウェブで補剛された、剛性の高いRCスラブ式プレートガーダーから成る上部工｜壁式橋脚上に支承を持つ多径間連続桁｜両橋台上にある上部工の不連続部｜制動荷重は橋脚で受け持たれる｜橋梁端部にあるレールの伸縮継目

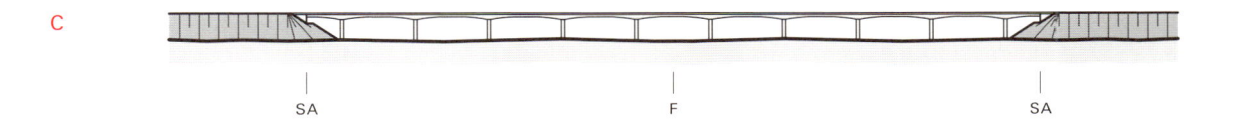

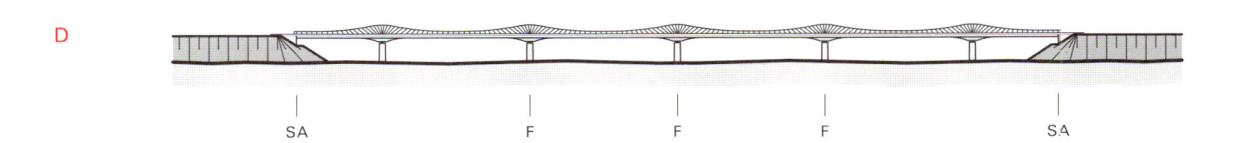

C
　　　　SA　　　　　　　F　　　　　　　SA

D
　　　　SA　　　F　　F　　F　　　SA

高架橋の分類

3.1.4 急峻な谷
全体プラン A〜Dタイプ

Aタイプ
剛性の高い、二つ並んだPCT桁、またはシングルのPC箱桁から成る上部工｜桁高支間比Ls/h＝12の多径間連続桁｜上部工と剛結合された薄い壁式橋脚、または中空鋼製橋脚｜Y字型の橋脚に支えられた大きな中央支間｜橋台上の、支承と上部工の不連続部｜制動荷重はY字型橋脚で受け持たれる｜場合によっては、上部工の不連続部上にレールの伸縮継目

A

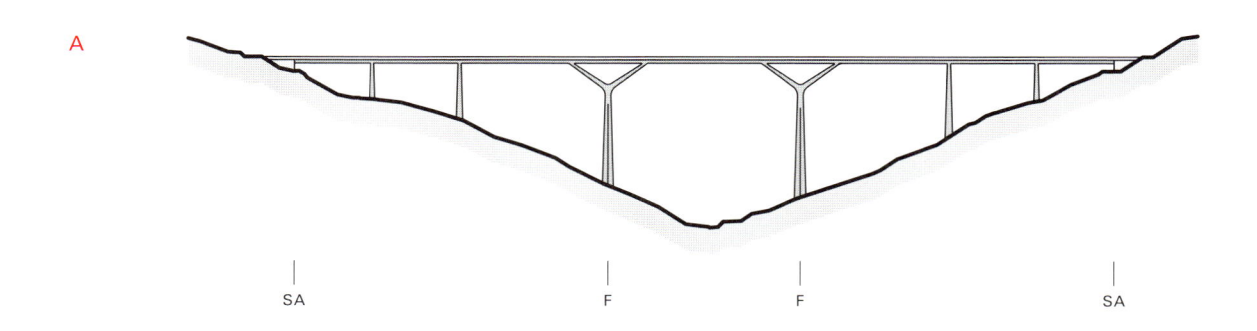

SA　　　F　　　F　　　SA

B

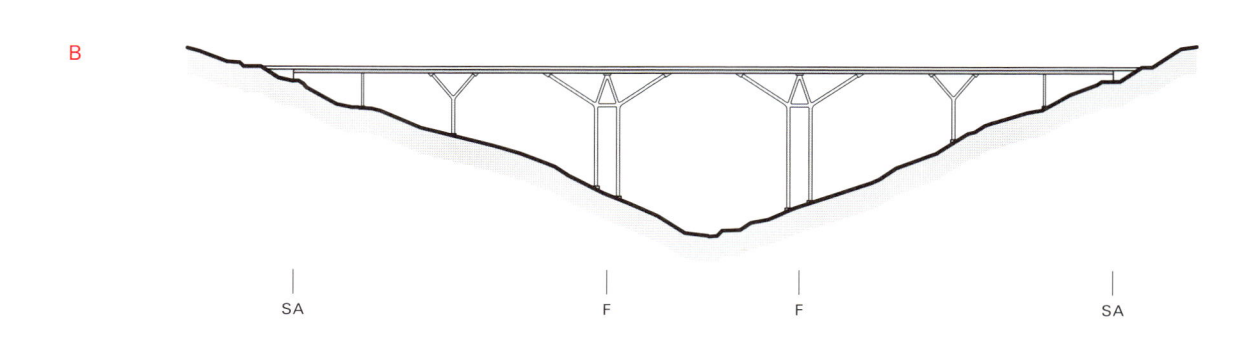

SA　　　F　　　F　　　SA

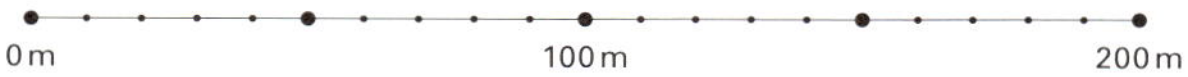

0m　　　100m　　　200m

F：固定点
SA：レールの伸縮継目
（各々のケースで必要性を確認）

Bタイプ
剛性の高い、二つ並んだPCT桁から成る上部工 | 桁高支間比Ls／h＝12の多径間連続桁 | 鋼製橋脚と上部工の剛結合 | 支承は不要 | 上部工の不連続部と、剛性の低いツインの橋脚、制動荷重は橋台で受け持たれる | 上部工の不連続部上にあるレールの伸縮継目

Cタイプ
剛性の高い、二つ並んだPCT桁から成る上部工 | 桁高支間比Ls／h＝12の多径間連続桁 | 上部工と剛結合された、薄い壁式橋脚 | がっしりとしたアーチに支えられた大きな中央支間 | アーチクラウンと上部工の一体化 | 橋台上の、支承と上部工の不連続部 | 制動荷重はアーチで受け持たれる | 場合によっては、上部工の不連続部上にレールの伸縮継目

Dタイプ
剛性の高い、二つ並んだPCT桁から成る上部工 | 桁高支間比Ls／h＝12の多径間連続桁 | 上部工と剛結合された、薄い壁式橋脚 | がっしりとしたアーチ形の方杖に支えられた大きな中央支間 | アーチクラウンと上部工の一体化、脚を広げたスプリンギング | 橋台上の、支承と上部工の不連続部 | 制動荷重はアーチで受け持たれる | 場合によっては、上部工の不連続部上にレールの伸縮継目

C

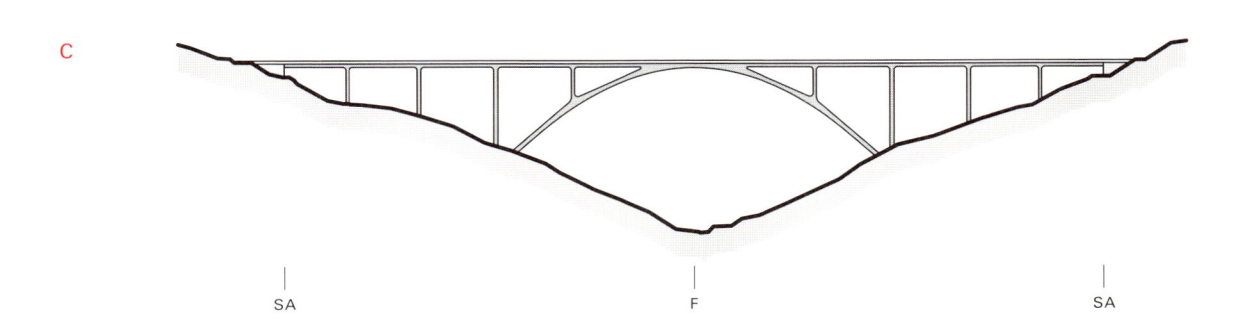

SA　　　　F　　　　SA

D

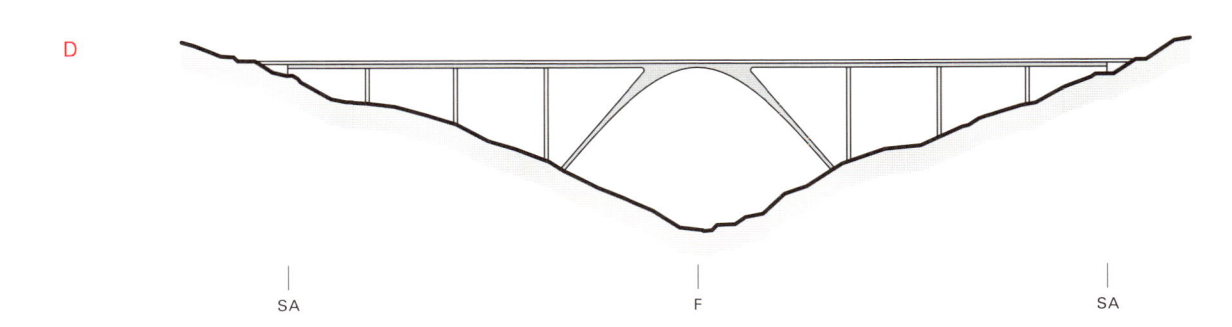

SA　　　　F　　　　SA

高架橋の分類

3.2 河川橋
概要

様々な河川状況に対して、基本的な設計案を図示し、重要な要素について記述する。デザインスタディの土台として、実際またはフィクションの側面図を示す。その他の条件として以下のものが挙げられる。

・都市景観（都市と街エリア）
・自然景観（広大な風景、木々、鬱蒼とした森）

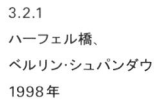

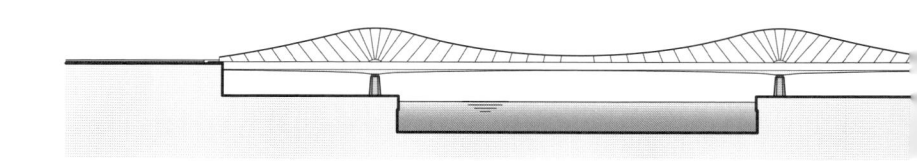

3.2.1
ハーフェル橋、
ベルリン・シュパンダウ
1998年

3.2.2
フェーマルンズント橋
1963年

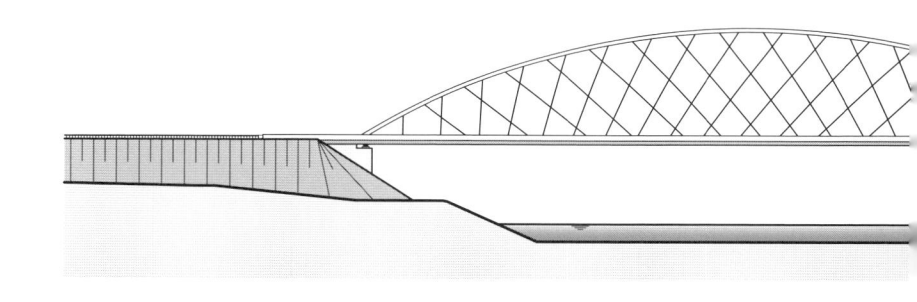

3.3.3
ネッカー橋の設計案、
シュツットガルト

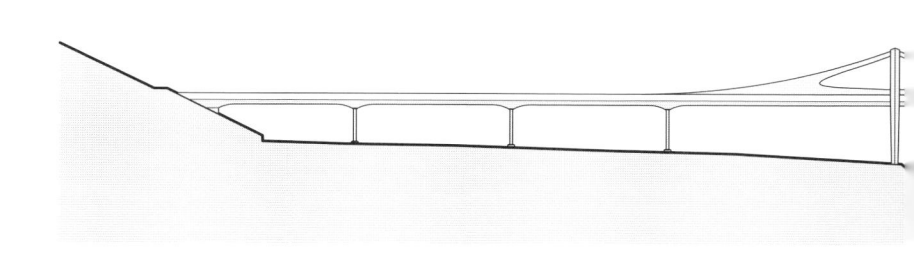

3.2.1

3.2.2

3.2.3

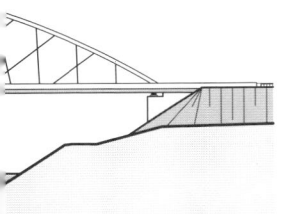

河川橋

3.2.1 河川橋

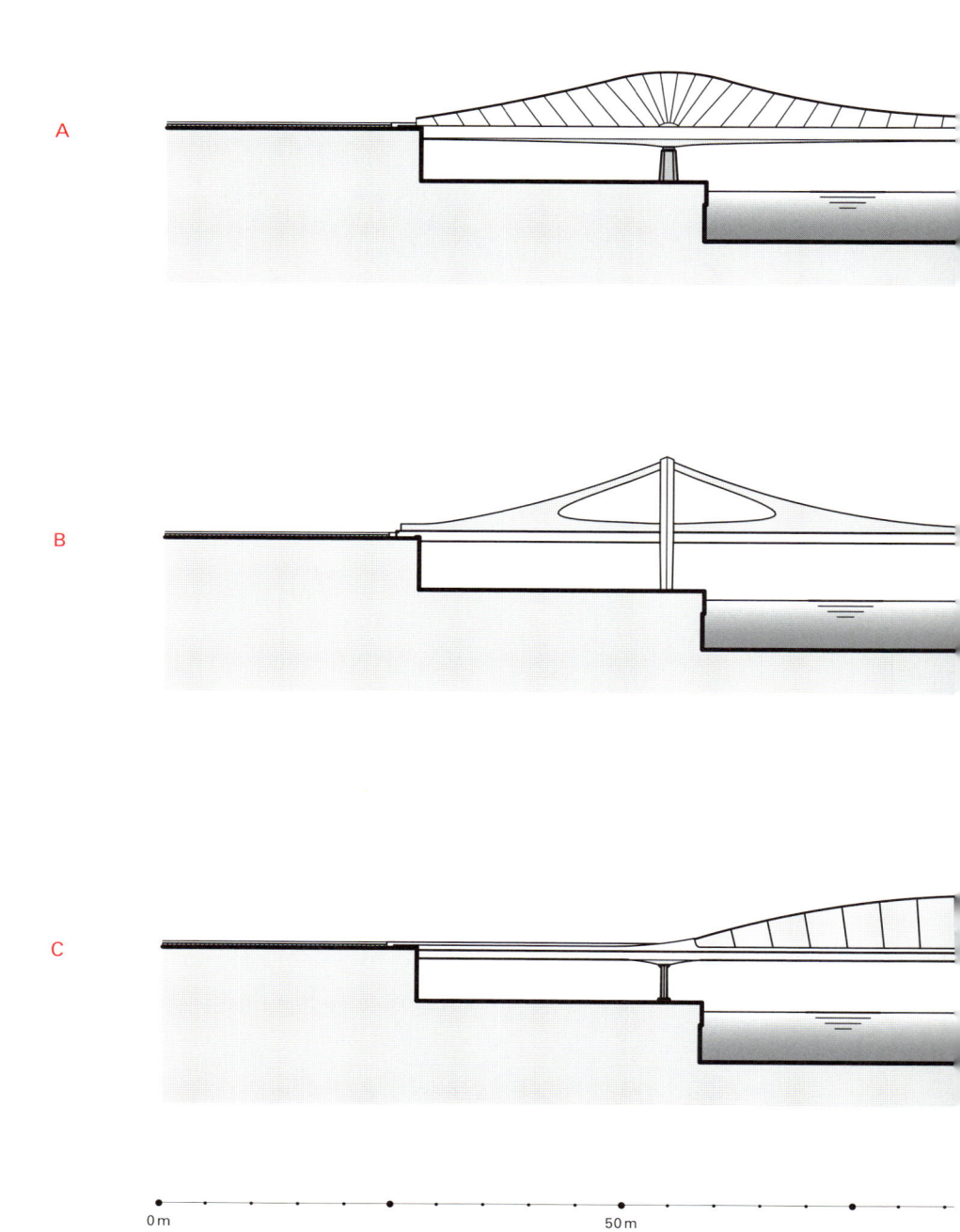

全体プラン A〜Cタイプ

A

B

C

0 m   50 m

Aタイプ
フィンバック型の鋼製ウェブで補剛された、剛性の高いRCスラブ式プレートガーダーから成る上部工｜橋台と橋脚上に支承を持つ3径間の橋｜両橋台上にある上部工の不連続部｜制動荷重は橋脚で受け持たれる｜（可能であれば）橋梁端部にあるレールの伸縮継目

Bタイプ
鋼版で補剛された下路式の、剛性の高いRCスラブ式プレートガーダーから成る上部工｜橋台上に支承を持つ3径間の橋｜両橋台上にある上部工の不連続部｜制動荷重は橋脚で受け持たれる｜（可能であれば）橋梁端部にあるレールの伸縮継目

Cタイプ
応力分布に従った形状の鋼製ウェブで補剛された、剛性の高いRCスラブ式プレートガーダーから成る上部工｜橋台上に支承を持つ3径間の橋｜両橋台上にある上部工の不連続部｜制動荷重は橋脚で受け持たれる｜（可能であれば）橋梁端部にあるレールの伸縮継目

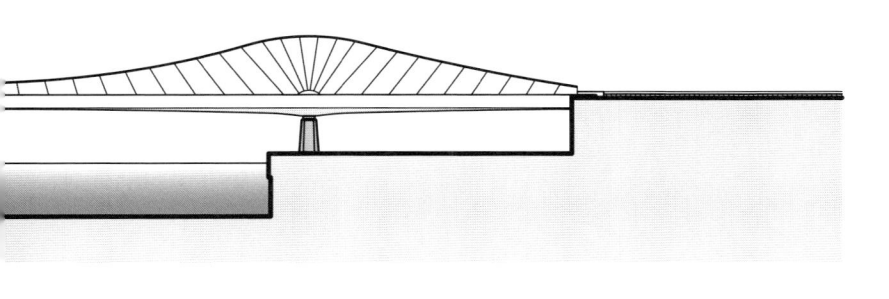

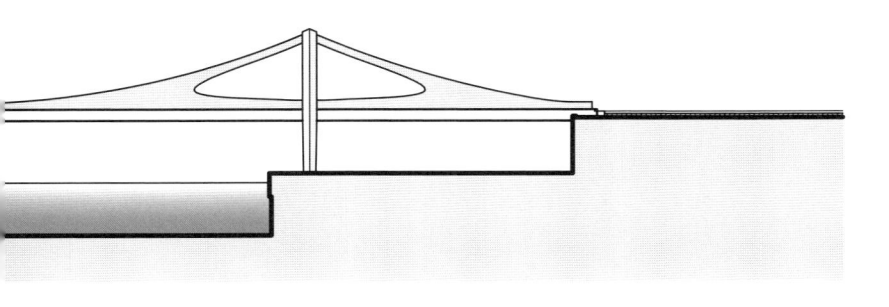

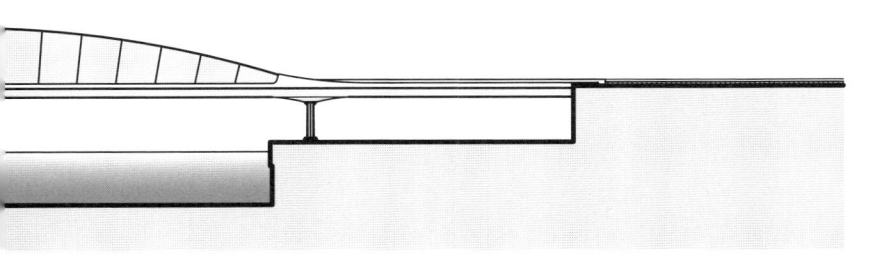

100m

河川橋

3.2.2 河川橋

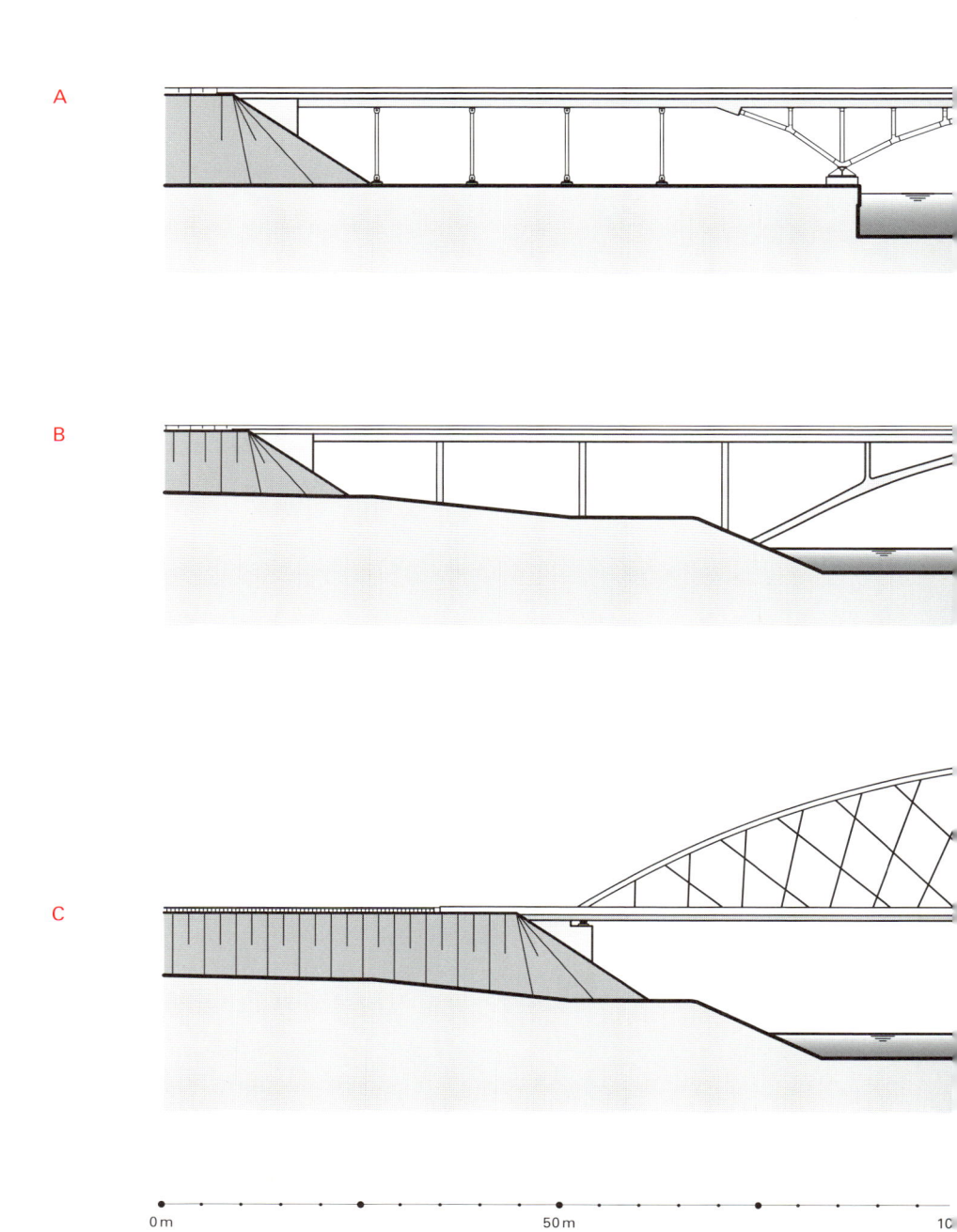

全体プラン A〜Cタイプ

A

B

C

0m　　　　　　　50m　　　　　　10

提案例——これは仕様ではなく、提案である！

Aタイプ
桁高支間比Ls/h＝10の、剛性の高い二つ並んだRCT桁から成る上部工｜多径間連続桁｜（鋳鋼製格点を使用した）鋼管アーチに支えられた、大きな中央支間｜上部工と剛結合された鋼製橋脚と鋼管アーチ｜両橋台上にある、支承と上部工の不連続部｜制動荷重はアーチで受け持たれる｜（可能であれば）橋梁端部にあるレールの伸縮継目

Bタイプ
桁高支間比Ls/h＝8の、シンプルで剛性の高い二つ並んだRCT桁から成る上部工｜多径間連続桁｜コンクリート製のアーチに支えられた、大きな中央支間｜上部工と剛結合された壁式橋脚とアーチ｜両橋台上にある、支承と上部工の不連続部｜制動荷重はアーチで受け持たれる｜（可能であれば）橋梁端部にあるレールの伸縮継目

Cタイプ
アーチ部材からの斜めに張ったケーブルで補剛された、鋼格子道スラブから成る上部工｜スパン約90m以上で経済的｜合成スラブまたはRCスラブの場合は、約70m以上で経済的｜大スパンの場合は、レールの伸縮継目は延長桁上に計画される

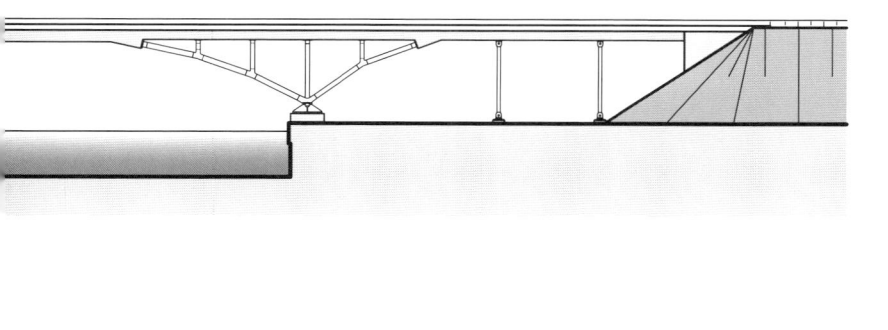

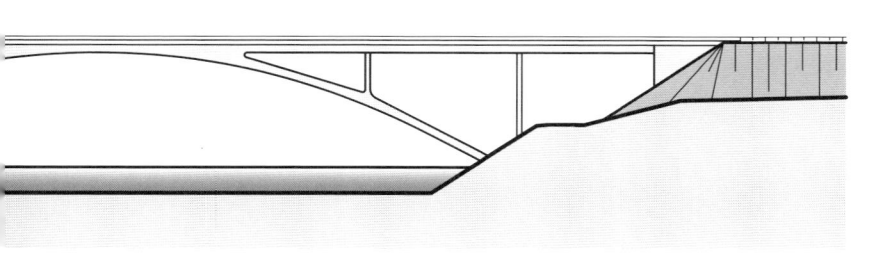

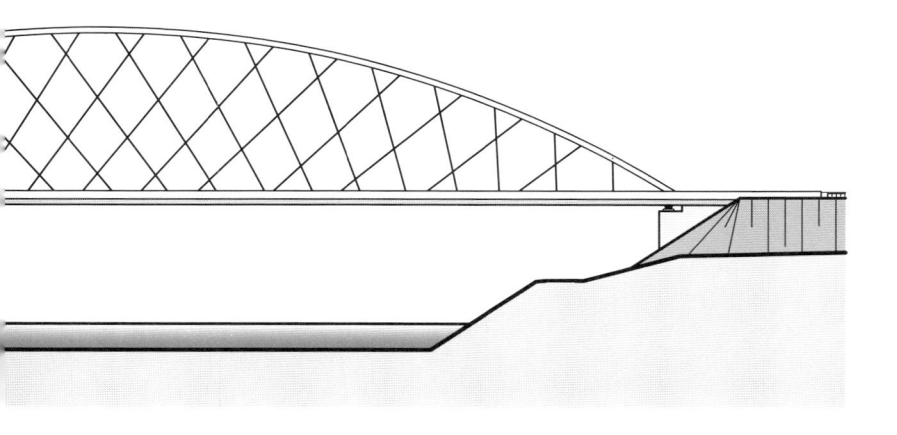

河川橋

3.2.3 河川橋

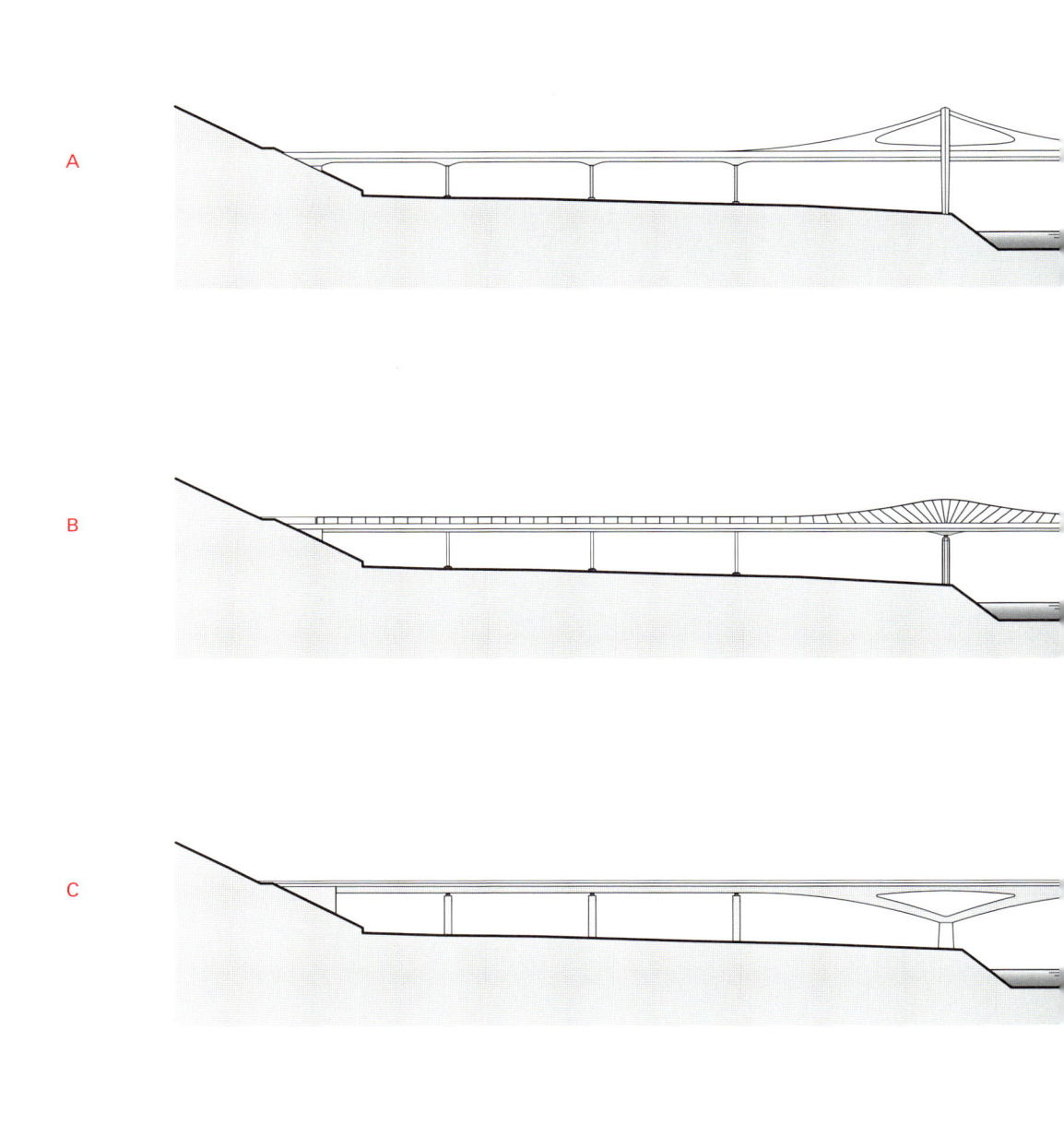

全体プラン A〜Cタイプ

A

B

C

0 m　　　50 m　　　100 m

Aタイプ
鋼版で補剛された下路式の、剛性の高いRCスラブ式プレートガーダーから成る上部工｜主塔橋脚および、ほっそりとした鋼製橋脚と剛結合された多径間連続桁｜壁式橋脚上にある支承｜両橋台上にある上部工の不連続部｜制動荷重は橋脚で受け持たれる｜橋梁端部にあるレールの伸縮継目

Bタイプ
フィンバック型の鋼製ウェブで補剛された、剛性の高いRCスラブ式プレートガーダーから成る上部工｜壁式橋脚およびほっそりとした鋼製の橋脚上の支承に置かれた多径間連続桁｜両橋台上にある上部工の不連続部｜制動荷重は橋脚で受け持たれる｜橋梁端部にあるレールの伸縮継目

Cタイプ
剛性の高い、二つ並んだPCT桁から成る上部工｜桁高支間比Ls/h＝12の多径間連続桁｜そして可能であれば、上部工に剛結合される｜ハンチのつけられた上部工でまたぐ大きな中央支間｜（可能であれば）支承はなし｜橋台上にある上部工の不連続部｜制動荷重は中央の橋脚で受け持たれる｜橋梁端部にあるレールの伸縮継目

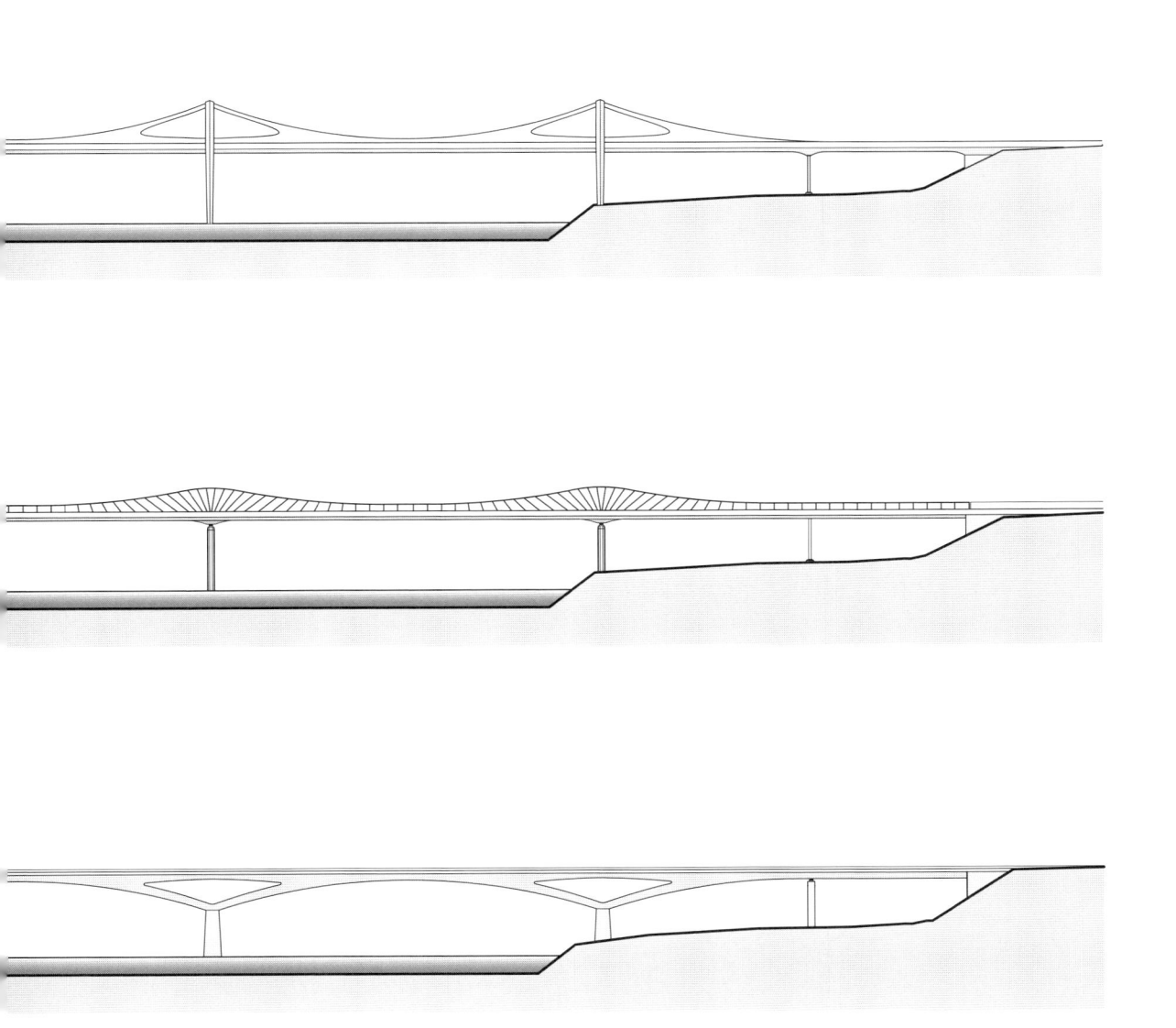

河川橋

3.3 架道橋

開かれていた風景

オープンな視界をふさいでしまう標準的な設計

盛り土をセットバックして開放性を増した例

　様々な交通が共存しているところでは、高速道路や線路をまたぐ架道橋が重要となる。今日の、道路や農道をまたぐための立体交差では、その道路や線路の両側ぎりぎりまで盛り土が迫っているのが普通である。それによって、もともとは開かれていた風景がふさがれているという点は、特に注意するべきである。オープンな視界が遮断され、向こう側の風景は盛り土の間にわずかに垣間見れるだけである。それゆえ、両側の盛り土はできるだけセットバックさせ、架道橋の側面からの透明性を可能な限り確保することが望まれる。

　高速新線の設計に際して、標準的な架道橋のデザインをスタディしたものが以下である。高速道路と平行に走る線路をまたぐ場合、建築限界はより高くなる。両方を一気にまたぐために、架道橋とセットバックした盛り土を組み合わせる。

　タイプ1では、まず地理的な前提条件を受け入れた。これにより両側の盛り土が必要となった。二つの開口部に対して一つにまとまった、落ち着きのあるデザインとなっている。それとは対照的に「標準設計」では、四つの橋台と、二つの開口部の間にある、ずんぐりとして向きが不ぞろいの翼壁や盛り土によって、落ち着きのないデザインとなっている。

　続いて盛り土をタイプ2においては少し、タイプ3〜5においては、かなりセットバックした。薄い道床版を、ほっそりとした鋼管橋脚で支えている。透明性を最大限にすること、車や鉄道からの眺めを「魅力あるものにすること」を目指した。

標準設計

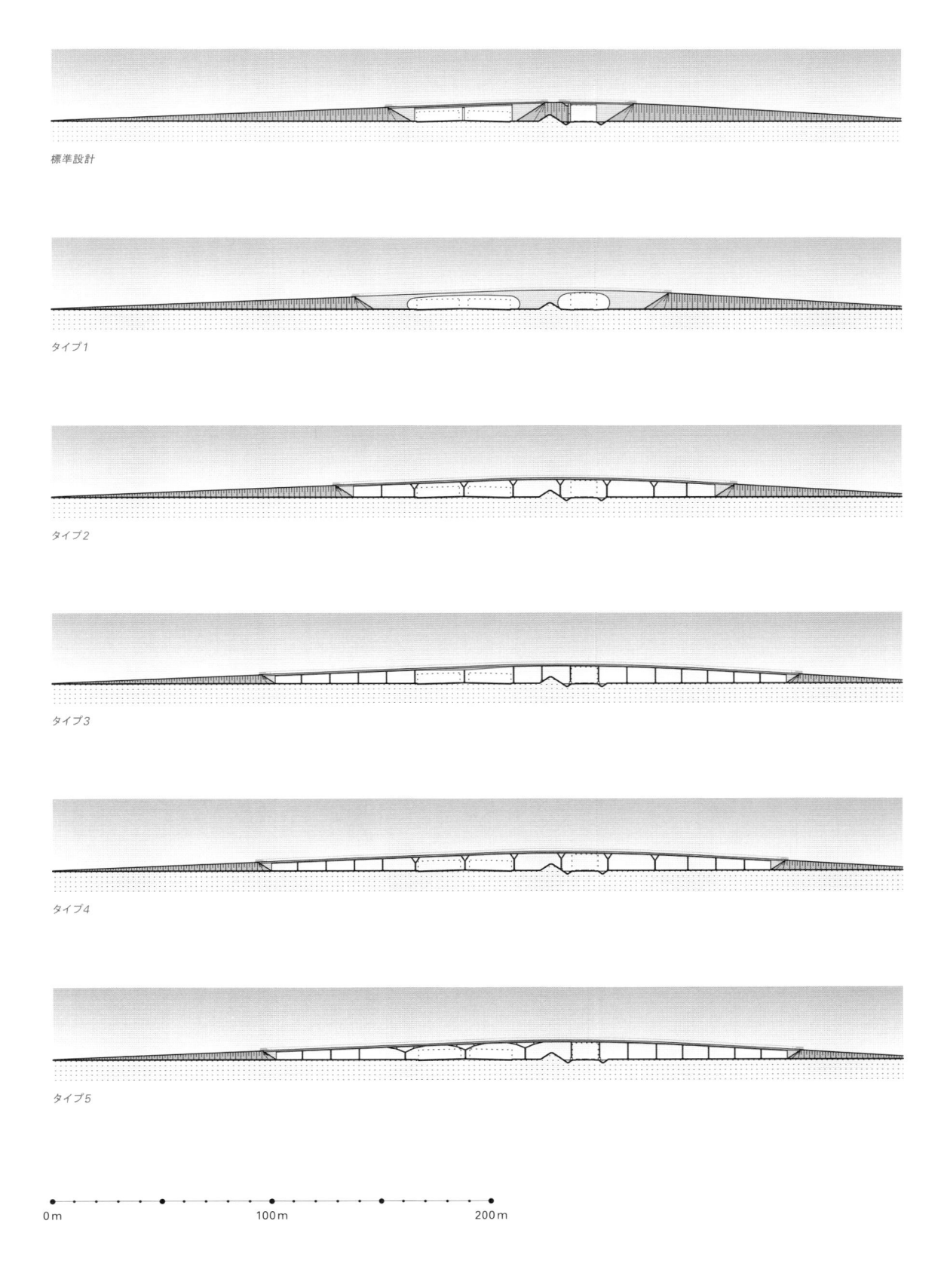

タイプ1

タイプ2

タイプ3

タイプ4

タイプ5

0m　　　　　　100m　　　　　　200m

架道橋

3.4 既存ネットワークへの接続

小規模から中規模のスパンの架道橋の数はかなり多い。そのため、それらのデザイン面の改善と環境へのよりよい統合を目指すことは、ドイツ鉄道にとって重要な関心事である。

今後数年間で、状態の悪化や老朽化のために、既存ネットワーク内の相当数の構造物のリノベーションが必要となるであろう。そこで、このガイドブックでは、その際のデザイン要件に焦点を当てる。効率性を求めた技術的な解決方法の発展だけでなく、質の高いデザインを可能とする新しいアプローチが必要である。プロジェクトごとに特定の条件がある。そのため、新しい構造物に架け替える際には、いつもまず予備設計として構造システムの比較検討を行い、最適な設計案を探る。機能性と経済性とデザイン性との間で、最適なバランスを探るのである。

鉄道橋の機能として求められるものは以下のとおりである。
・橋の上と下での、運行の安全性と快適性
・点検や修理方法の必要な範囲とその実行性
・使用要件の変更、または増加に対する構造システムの適応性
・周辺の構造物や環境への影響を最小限に抑えた施工
・施工中とメンテナンス中の、運行への影響を最小限にする

前述したような大型の橋梁では、構造システムの選択がその橋の個性を決定するが、小さなスパンの橋梁では、スケール感、場所への接続の方法、ディテールが、その橋のデザインの質を決定する。鉄道の設備を含めて、上部工と下部工を包括的にデザインすることにより、鉄道橋梁の外観は大幅に改善される。部材の造形や、場所に合わせた部材表面のテクスチャーデザインも、それに大きく貢献する。

以下では、デザインの質に関わる特長を浮き彫りにする。既存のネットワーク内に橋を架ける場合に要求される条件とそれに対処する方法を示し、デザインの評価基準を明確にする。いいデザイン、つまり「美しい橋梁」は、正しい構造と場所に合った解決方法から導き出されることを設計者は常に頭に入れておかなくてはいけない。それには、押しつけるようなデザインは必要ではない。何かを取り除くことも、つけ足すこともできないといった、簡潔で整合性のあるデザインが必要とされる。

1
架け替えの一例。この橋の場合、
主に経済的な理由で、
既存の建造物の中に組み込まれた。
鉄道高架橋、
ツヴィッカウアー通り、
ケムニッツ

既存ネットワークへの接続

2

このような構造の場合、遮音壁を、高さのそろえた透明なものにし、検査路用の階段を翼壁と平行になるように配置することにより、より明快なデザインとなる。翼壁の厚みは疑問である。
鉄道高架橋、
ブライテンフェルダー通り、
ライプツィヒ

3

全体が上部工と、歩行者用に脇に配置されたラーメンとに分割されてしまっている。上部工と駅のプラットフォーム入り口、一定の桁高と水平のコーニスを持つ3径間の構造が混在している。
Sバーンのハレ―ライプツィヒ間

場所への接続

既存のネットワーク内での建設では、架け替えの場合が大半を占め、多くの場合、設計の枠組みはすでに決まっている。既存の構造物の境界条件と、新たな構造物の設計条件を洗い出して、チェックしなくてはいけない。新規性があり、かつその場所に合った構造物を設計することは可能である。特に、新しい構造物のスケールとプロポーションは、周囲との関係において重要な役割を果たす。

都市のコンテクストは、一般的に以下のものによって特徴づけられる。
- 様々な時代の歴史が積み重ねられた構造物
- 構造物の配置、高さ、秩序だったグリッドと軸線
- 都市機能とそれらの関係をつなぐネットワーク

新しい構造物を、既存の構造物または残っている部分的な構造物へうまく接続することにより、歴史的な文脈が明らかになり、古いものとの新しい関係が構築される。

透明性と薄さ

構造物の透明性は、桁下空間の明るさと、斜め方向からの見通しのよさ（例えば橋脚などが障害物となる）で決まる。小規模から中規模のスパンの橋では、桁下空間のプロポーションは多くの場合決まっており、あまり変えることはできない。橋台と橋脚の架設可能範囲はたいてい（建築限界、ライフライン、既存の建造物などにより）制限されているので、法的なことも含め、しばしば非常に限られた数の案の比較検討しかできない。

だからといって、設計者は簡単にあきらめるべきではない。例えば、透明性を向上させるために（経済性を見失うことなく）スパン長を"いじった"りするなど、最適な解決策を探すべきである。上部工の構造により、桁高が変わる。ユーザーにとっては、桁高は重要ではなく、（防音壁などを含めた）目に見える全体の高さが重要である。上部工の形や、そのエッジ、コーニス（訳注：橋床端部の張り出し部）のデザインが影響する。

統一性と秩序の可視化

うまくデザインされた構造物は、統一性と秩序を持ち、コンセプトが明確に構造化されている。それぞれのプロジェクトにおいて、新しい基準となるようなコンセプトを決定し、その実現に向かって努力するべきである。

適切な材料のコンセプト、バランスの取れた適切なスケールのプロポーション、明確なラインから導き出される統一の取れた形が、橋の全体的なイメージに寄与し、一般的にはその橋の美しさとして認識される。最も説得力のあるものは、細部に至るまで適切にデザインされた部材とジョイントを持ち、力の流れが明確で、均整の取れた構造である。

鉄道橋は鉄道の一部であるので、多数の設備機器類（ケーブルラック、架線、信号柱、遮音壁など）が付属する。それらは構造とは直接的に関係せず、多くの場合、構造部材の上に付加される。したがって、橋の設計の最初の段階から考慮して、これらの設備機器類を全体的なデザインコンセプトの中に組み込むべきである。

ディテールのデザイン品質

都市の文脈に組み込まれる橋の全体的な印象は、特にディテールに左右される。

いいディテールは、橋の設計コンセプトを強調する。それにより、橋梁の美観が大幅に向上する。

鉄道橋で重要なディテールは、以下のとおりである。

・上部工と下部工のつながり
・橋台、翼壁、壁式橋脚のつながり
・端板のデザイン
・不連続部の配置と仕上げ
・塗装
・技術的な設備機器類の統合

4a

4b

上部工／桁橋

中小スパンの鉄道橋には、単純桁橋が最も適している。支承が見えるように橋座面を前に出すと、上部工が下部工の大きな躯体から分離され、力の流れが明確になるので、構造的にも美観的にも好ましい。

複合構造の下路式プレートガーダー

下路式のプレートガーダーの鉄道橋は、補剛材と小さな桁高によって、桁下空間が開放的である。形状と材料を最適化することにより、大きなウェブをコンパクトにし、控えめにする。この構造システムでは支承や不連続部が不要である。

4
a ウェブの縁の形状によって、力の流れが明快な、スキューしたプレートガーダー橋。セットバックした橋台と鋼製橋脚により桁下空間は開放的である。
鉄道高架橋、
ステファニトア、ブレーメン

5
一例。ラーメンの形を際立たせることにより、支持構造が強調され、主構造（ラーメン）と二次構造（翼壁）が分けられる。翼壁を取り除く、化粧型枠を替える、または化粧張りを施すことにより、ラーメンの形を際立たせることができる。
鉄道高架橋、
ヒンデンブルクダム、ベルリン

6
鉄道高架橋、
サランドテル通り、フライタール

7
二つの橋梁の間には、100年以上のエンジニアリングの歴史を読み取ることができる。
鉄道高架橋、
ネーゼルグルント橋、
ドレスデン

8
年月のたった鉄道高架橋を、現代的な高架橋で補完している。多径間のインテグラルラーメン橋と、古典的なアーチ橋との現代的な統合。新しい橋は、古い橋と同じスパン長である。既存の橋を参照した構造と構成。
鉄道高架橋、
レドニッツ高架橋、
ニュルンベルク

ラーメン構造

ラーメン構造は、非常に効率的な構造であるため桁を薄くすることができ、近年注目度を増している。ラーメンの形を際立たせることにより、構造的挙動が強調される。翼壁を取り除くこと、または化粧張りを施すことにより、この印象は強化される。

　隅角部には、構造上の理由から、多くの場合ハンチがつけられる。ハンチまたは円弧のついた梁部の形状やデザインはラーメン構造の特性を示す。

　多径間のラーメン構造は、上述したように、インテグラル構造で実現できる。通常、2または3径間のものが要求される。施工性または経済性を優先する場合は、通行止めをする間に施工を完了することが可能である。

5

6

7

既存ネットワークへの接続

上部工のエッジとコーニスのデザイン

標準設計のものとしないで、上部工のエッジやコーニスの形状をデザインしてもよい。その際には、型枠や鉄筋配置を複雑にしないために、シンプルな形状にすることが重要である。同様に、適切な排水が行われなくてはならない。

70年代や80年代に頻繁に見られた、化粧型枠でつくられたコーニスは、もはや避けるべきであろう。現代的なコーニスの型枠には、真空マットの使用が推奨される。

ドイツ鉄道の標準設計では、外側に歩道路がついたプレートガーダー橋やアーチ橋のデザイン仕様が規定されている。しかし、主構造と比べて、不釣り合いに高いコーニスを避けたい場合は、変更できる。コーニスと翼壁の地覆との連続性には注意を払うべきである。

9
写真9〜11は、標準設計に従った地覆とコーニスの形のデザインバリエーションを示す。
鉄道高架橋、
ゴルム、ポツダム

10
鉄道高架橋、
フライベルーガー通り、
ドレスデン

11
鋼製の上部工のコーニスの形と色が、コンクリート製の翼壁のコーニス地覆まで連続している。それによって、上部工と翼壁の連続性が保たれ、水平ラインが強調される。
鉄道高架橋、
デリツッシャー通り、ライプツィヒ

12
鉄道高架橋、
サルンドテール通り、
フライタール

13
翼壁の角度とアーチの角度を
合わせている。防護柵を盛り土まで
延長したので、翼壁上に
追加の防護柵を設置する必要はなかった。
鉄道高架橋、
A10、ブルーメンハーゲン

防護柵

鉄道橋上に設置される防護柵には、中空または中実断面のものが使用される。通常、鉄道高架上には関係者だけが立ち入るので、標準設計としては、横桟の防護柵が使用されるべきである。間に2本の横桟が入る防護柵は、水平のラインを強調する。経験から、約2mの支柱の間隔が、デザインとしては最適であることがわかっている。短スパンの構造では、視覚的な屈折が起きて、上部工がたるんでいるように見えるので、スパン中央に支柱を置かないことが望ましい。多径間の橋では、デザイン的または構造的な理由から、欄支柱や架線柱などは、橋脚と同じ位置に設置するべきである。ただしそれは、構造的な不連続部がそこに必要でない場合に限る。

防護柵上またはコーニスの装飾的な要素（例えば、支柱間のユニット化したパネル、支柱の上のコンクリートの彫像など）は、なんらかの理由がある場合に限り、できれば制限するべきである。

下部工

鉄道橋の下部工は、歩行者に直接"肌で"触れられるだけでなく、短いスパン、中スパンの橋梁においては、橋全体の印象の大部分を担う。したがって、支柱や橋脚と同様に、部材のデザインが、橋梁の全体的な印象を決定する。

橋軸方向に対して平行、斜め、あるいは直交した向きの翼壁は盛り土と連続的につなげることができる。直交した向きの翼壁は、盛り土の高さの橋台に限る。

斜めの翼壁の場合、防護柵を取りつける代わりに、上部工の防護柵を盛り土部分まで延長するべきであろう。また、翼壁の延長、地覆の必要性とそのサイズ、盛り土の締め固めの程度や仕様、盛り土の下端での翼壁の縁の取り方などが外観に関連する。

橋脚、支柱の寸法は、主に支承の大きさ（施工時のジャッキの設置場所も考慮）によって決まる。ほっそりとした下部工や、橋全体の一体化を実現するためには、支柱と上部工の剛接合が望ましい。支承やヒンジは、それらが必要とされるのであれば、視認できるようにし、かつ目立つように設計するべきである。ここでもシンプルで正直な形が望まれる。

単径間の短い橋
全体プラン A〜Dタイプ

Aタイプ
鋼製プレートガーダー橋｜道床版として厚板を用いた上部工｜小さな桁高｜橋座面が載った柱型の橋台

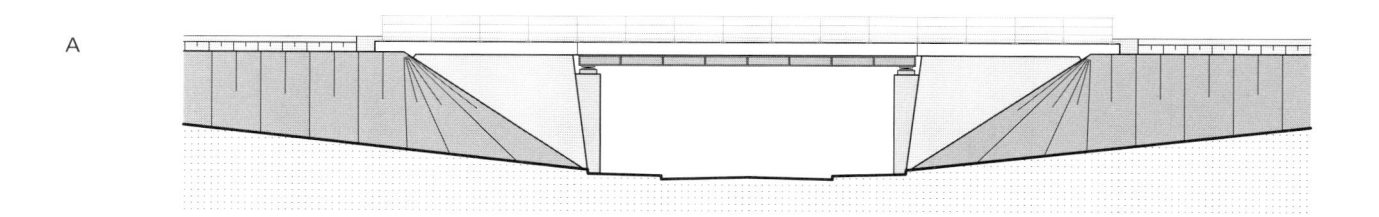

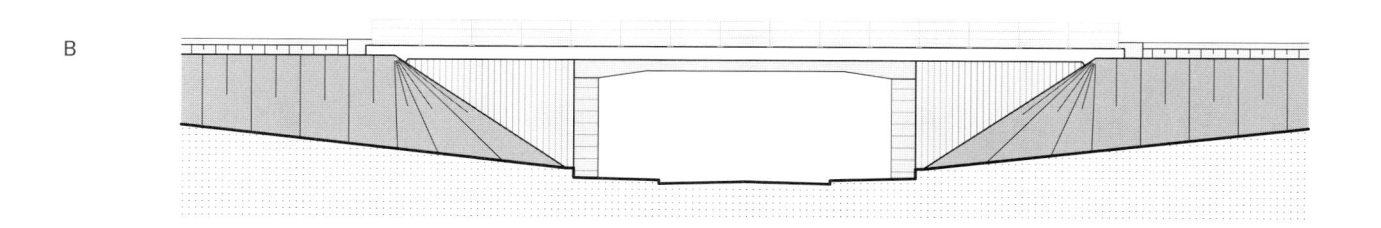

A

B

0m　　10m　　20m　　30m　35m

Bタイプ
ハンチのついたラーメン構造｜翼壁と視覚的に分離されたラーメン梁部と柱部｜型枠の向きの変化

Cタイプ
複合構造またはRC構造の、曲率をつけた上部工から成るラーメン｜開放的な印象、橋台をわずかに傾けることにより支持効果を高める

Dタイプ
楕円曲線から成る開口部を持つラーメン構造｜高い透明性を有する全体イメージ、支間中央の桁高の小ささがそれを強調する

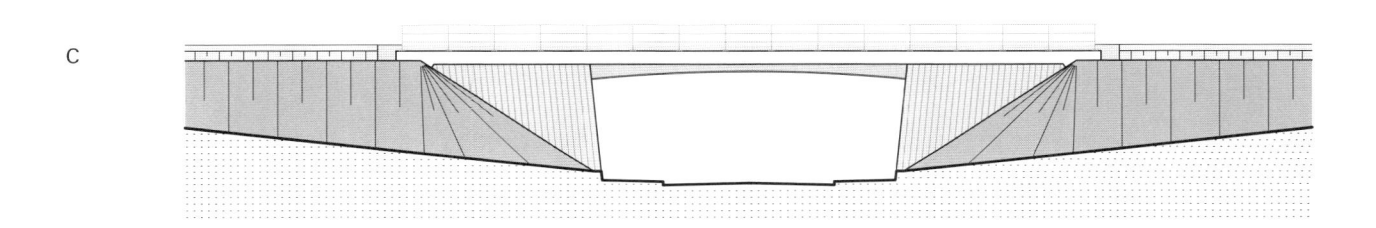

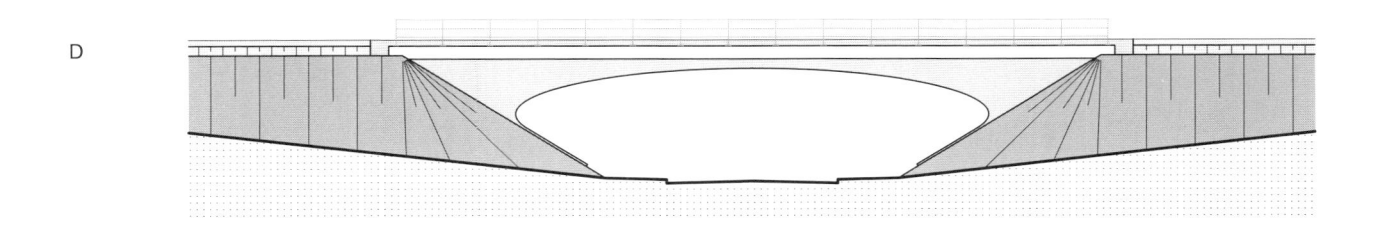

C

D

既存ネットワークへの接続

単径間の中規模の長さの橋
全体プラン A〜Dタイプ

Aタイプ
ラーメン構造｜大きなモーメントに対する鋼製の梁部｜リブつきの内側に傾斜した橋台、橋台と、スレンダーな上部工、控えめなテクスチャーの翼壁

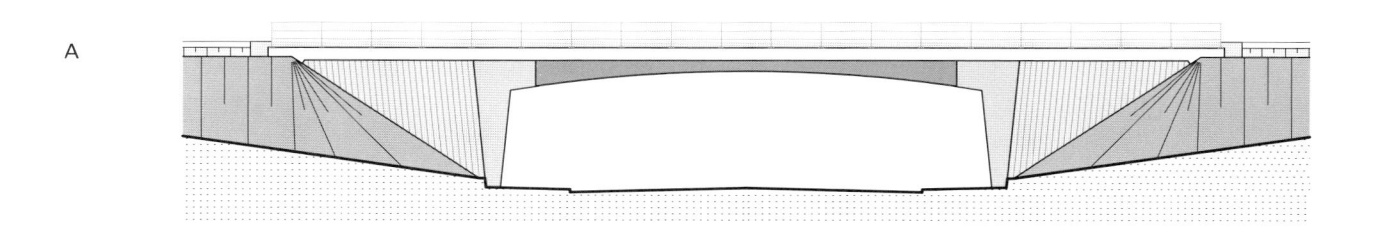

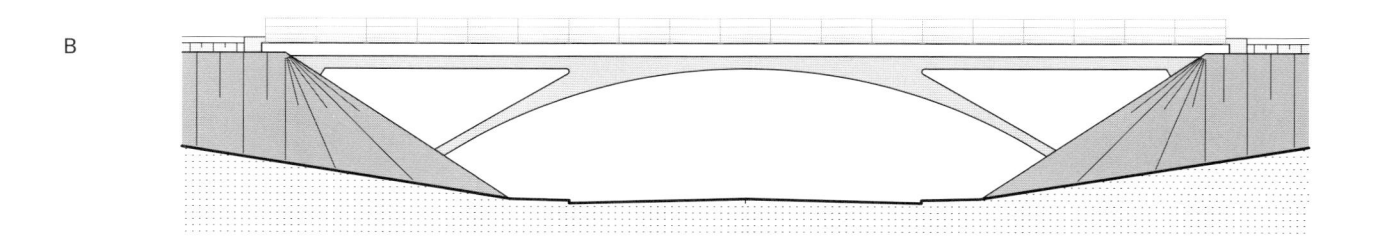

A

B

0m　　　　10m　　　　20m　　　　30m　35m

Bタイプ
RC製のアーチ形の方杖｜高い透明性と明るい桁下空間｜簡潔な構造｜高さのある盛り土や切り土にも適用できる

Cタイプ
鋼製の方杖｜補剛された現場打ちコンクリート製の道床版｜コンパクトな橋台｜高い透明性と明るい桁下空間｜高さのある盛り土にも適用できる

Dタイプ
アーチ橋｜鋼製アーチに補剛された現場打ちコンクリート製の道床版｜溶接もしくは鋳鋼製格点で接続されたアーチリブと鉛直材｜橋台に剛結合された上部工｜切り土にも適用できる

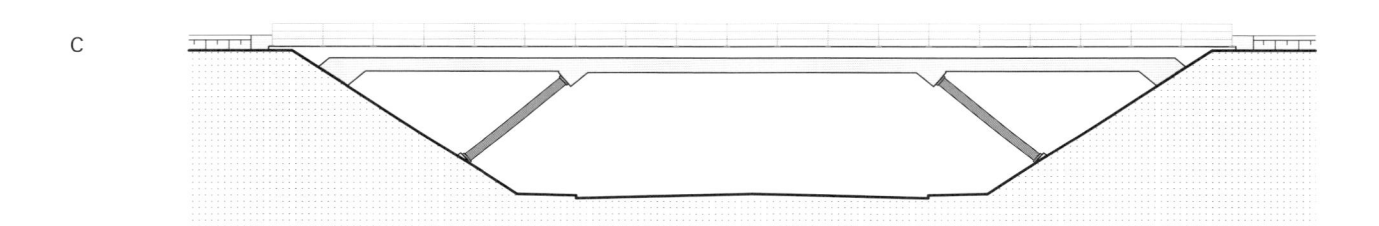

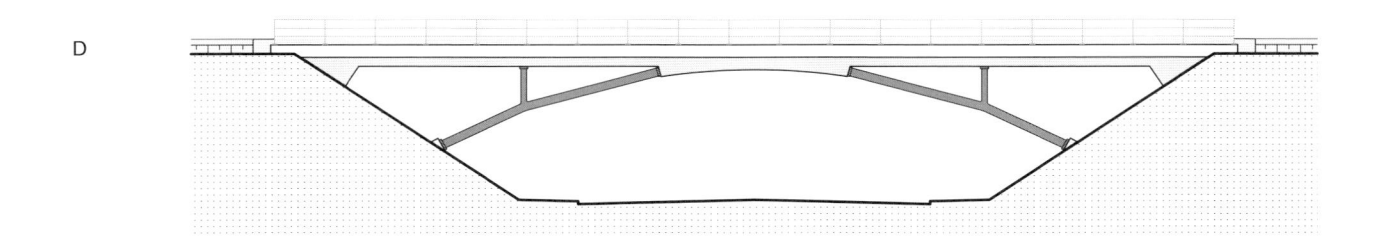

C

D

既存ネットワークへの接続

3径間の橋

全体プラン A〜Cタイプ

A

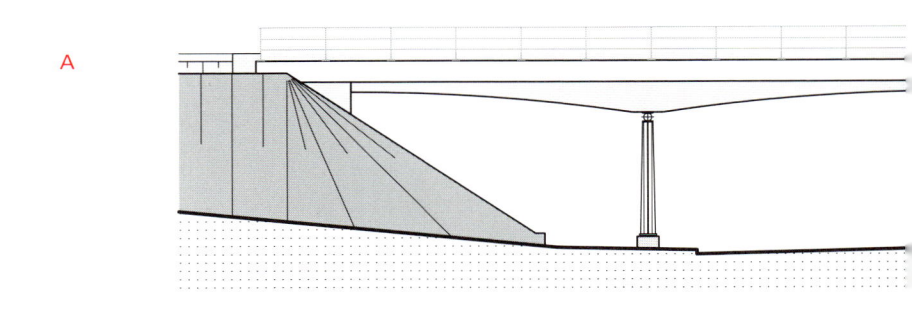

B

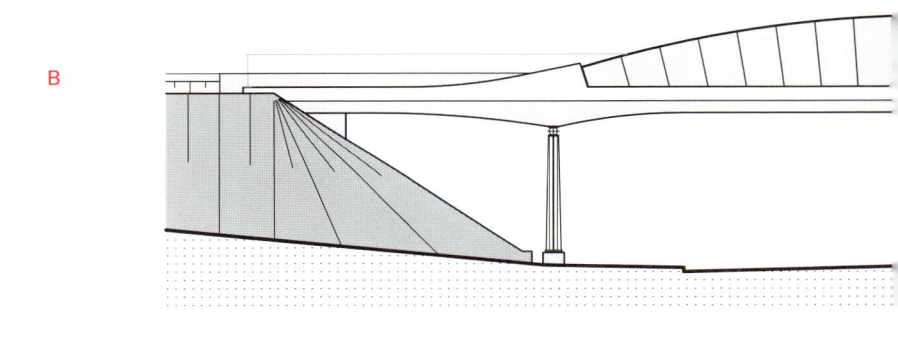

C

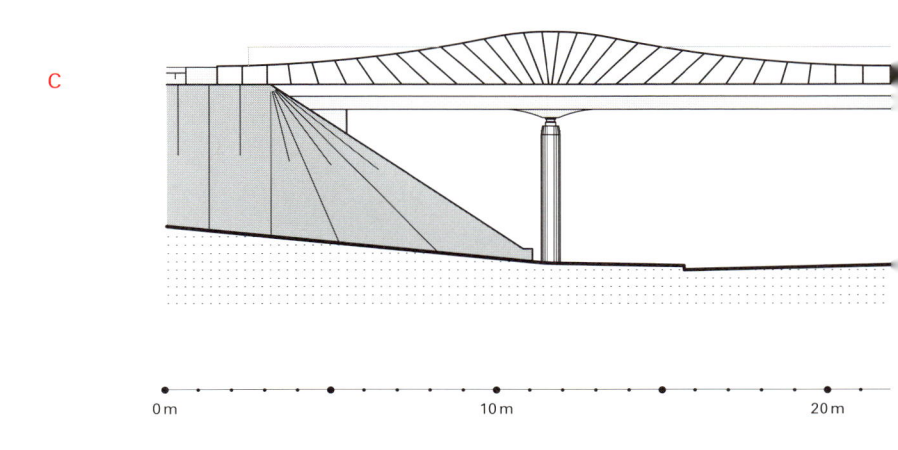

0m　　　　　　　　10m　　　　　　　　20m

Aタイプ	Bタイプ	Cタイプ
3径間のハンチのつけられたRCスラブ｜支承を持つ鋼製橋脚は地盤のブロックに固定して衝突から守る｜橋台をセットバックすることにより桁下空間を明るくする	中央径間部を鋼版で補剛した、下路式RCスラブ式プレートガーダー｜補剛リブがつけられた合成アーチ｜とても小さい桁高｜橋台に剛結合された上部工｜衝突から守られた、支承を持つ鋼製橋脚	フィンバック型の鋼製ウェブで補剛した、RCスラブ式プレートガーダーから成る上部工｜とても小さい桁高｜橋台に剛結合された上部工

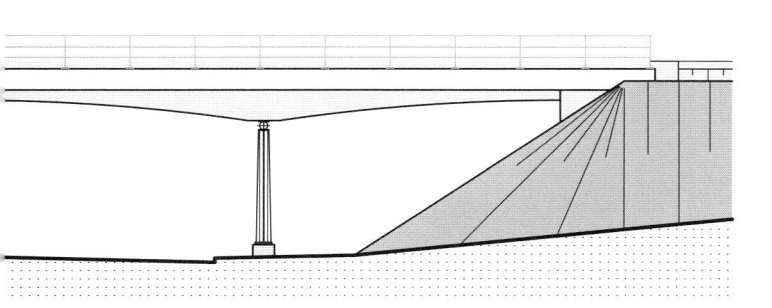

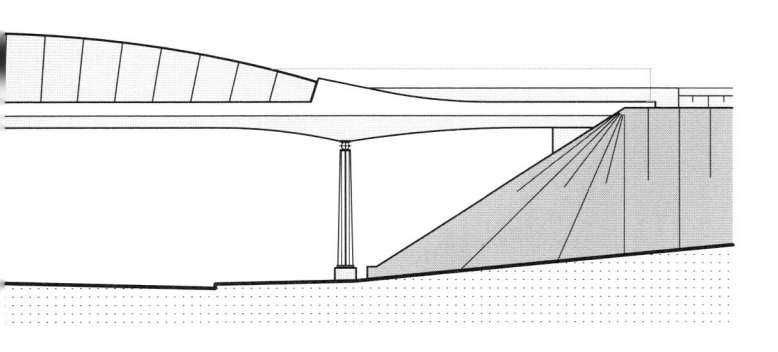

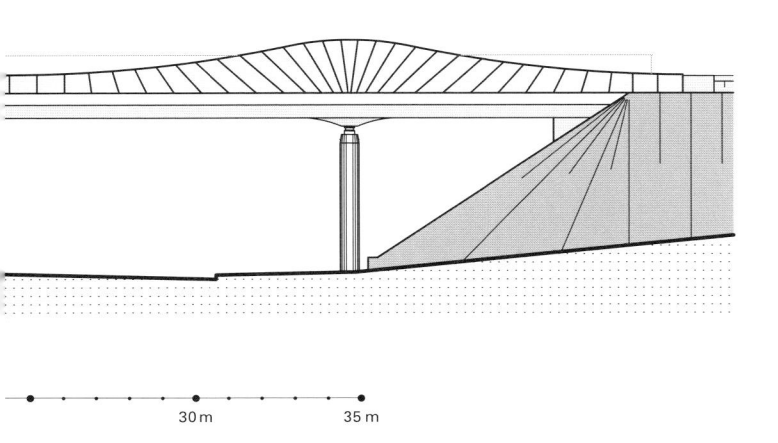

30 m　35 m

既存ネットワークへの接続

2径間の橋

全体プラン A〜Cタイプ

A

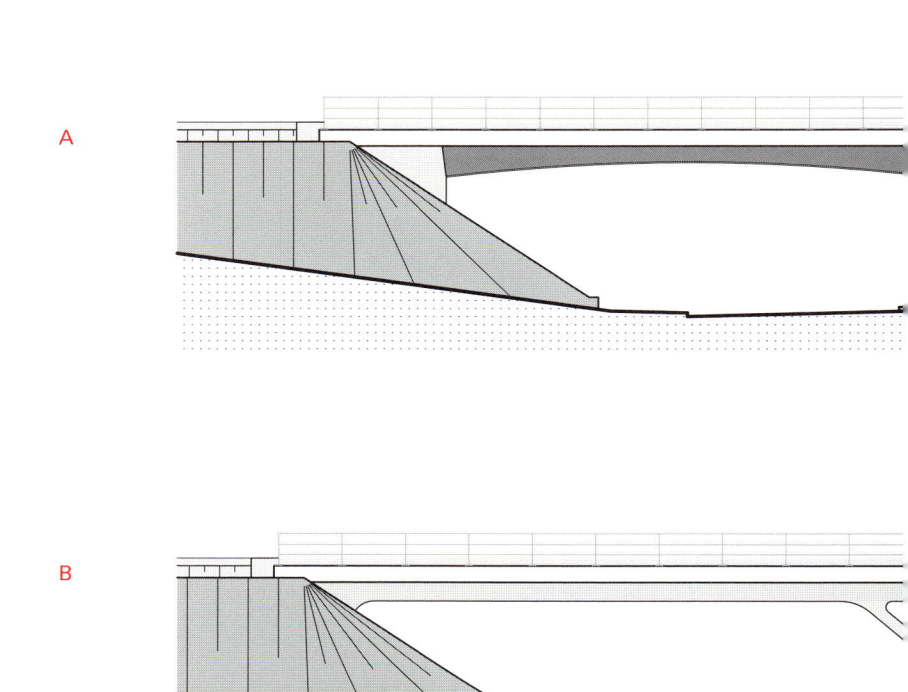

B

C

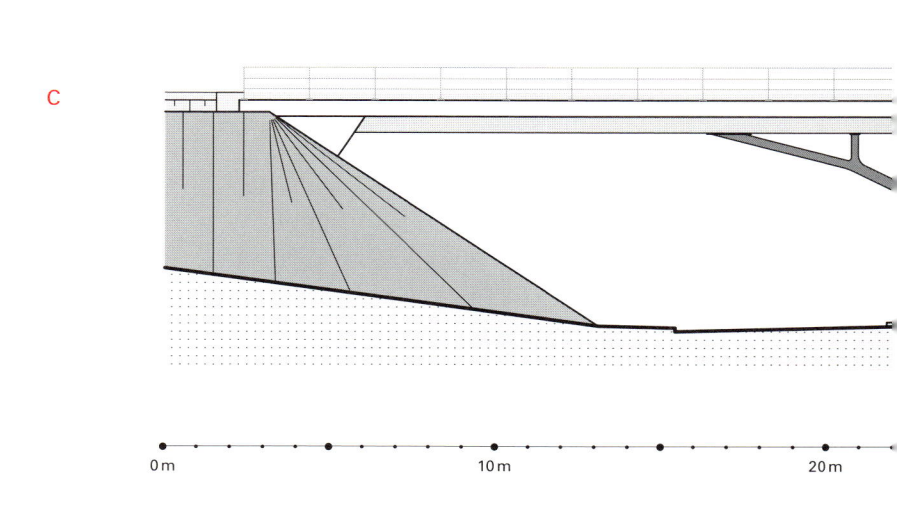

0m　　　　　　　　　　10m　　　　　　　　　20m

Aタイプ
複合構造の2径間の橋｜曲率をつけた上部工｜セットバックした橋台

Bタイプ
RC製の2径間の橋、Y型の橋脚を持つラーメン構造｜橋台と橋脚付近でテーパーのついた、直線の上部工｜セットバックした橋台

Cタイプ
RC製の道床版を持つ2径間の橋、2本に分かれた鋼製橋脚｜溶接もしくは鋳鋼製格点で接続された橋脚｜橋台に剛結合された上部工｜セットバックした橋台｜防護柵で衝突から守られた橋脚、街中では不要

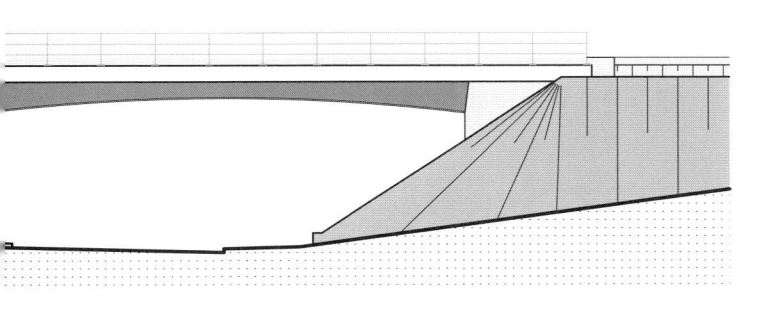

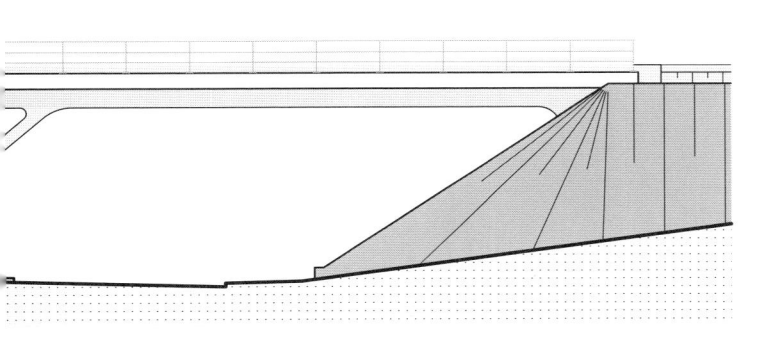

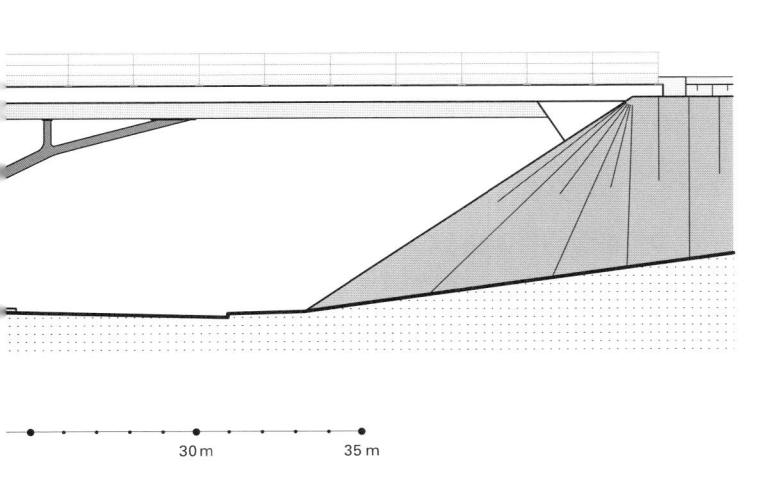

30 m　35 m

既存ネットワークへの接続

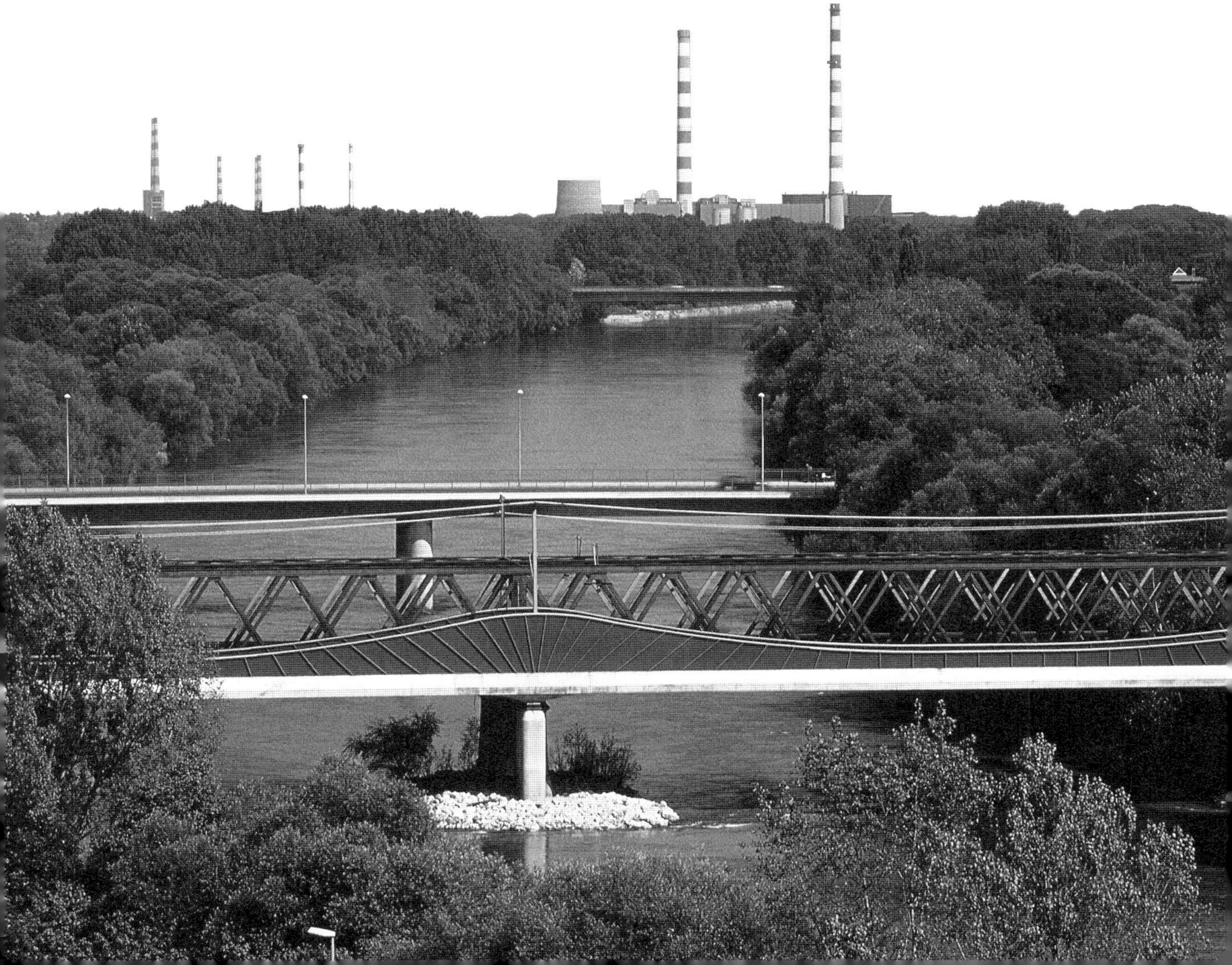

おわりに

　本書は、鉄道橋の設計を手助けするものとして書かれたものである。エンジニアだけでなく、プロジェクトマネジャーや施主を読者として想定した。鉄道橋の基本設計要件を、特にデザイン的な面だけでなく、機能性や経済性の観点からも定義した。

　その中では、古典的な「鉄道で典型的な」デザインの特徴を、いくつかのまったく新しいアプローチと組み合わせた。ほとんどすべての従来の原則について、有効性と妥当性を分析して、そこに新たな知見を導入した。著者らから見て、重くとらえられすぎていると考えられるものを相対化した。例えば、大規模な高架橋の、交換式の上部工などである。その代替案として、例えば、ほとんどメンテナンスフリーで供用可能なインテグラル橋のメリットを強く主張した。究極的には、橋の設計案を決定するということは、場所性や機能性についての問題に一つの回答を与えることである。すべての設計条件と特有の要件の重要性を考慮して行われる。

　また、主に大規模、および中規模の橋梁を取り上げたが、これでデザインに関連するすべてのテーマを取り上げられたとはまったく思っていない。鉄道は、旅行者やユーザーが直接、またはほとんど手で触れられるような、多くの小さな構造物から成り立っている。例えば、橋の上や下の歩行路、付属施設、プラットフォームの屋根、遮音壁などが、ディテールやユーザーの直接的な知覚に関わるテーマであり、大規模な構造の場合よりも重要である。

　これらの問題は、いつか本書の第2版というかたちで取り上げたい。加えて、鉄道橋におけるさらなる新しい進化を示し、実際に成功した例を紹介したい。著者およびドイツ鉄道の橋梁部は、この初版のデザインガイドブックがエンジニアを刺激して、今後数年間のうちに、高い技術革新の可能性を秘めた美しい橋梁が生まれることを切に願っている。

訳者あとがき

本書は、日本のJRにあたるドイツ鉄道（DB）のグループ会社が2008年に出版した"Leitfaden Gestalten von Eisenbahnbrücken"の全訳である。発行者の「DB Netze（DBネッツェ社）」は、鉄道インフラの設計や管理などを専門とする。つまり、ドイツにおける鉄道橋デザインの公式ガイドラインといえよう。

この本を手に取っていただいた日本の読者、特にエンジニアの方は、「地震国では参考にならない」とまず思われたかもしれない。確かに、地震のないドイツと日本ではまったく事情が異なる。鋼製橋脚を例にとっても、ドイツではコンクリートを詰めるなどして驚くほどスレンダーに実現できる。東京駅の中央線高架の一部で鋼製橋脚が用いられているが、日本では例外といえるほど希な実作である。したがって本書を安易な設計のコピーのための仕様書と考えると、さほど魅力を感じていただけないだろう。

しかし、建築のデザインや設計思想の話をするときに、地震国であるか否かを気にする人がいるだろうか？　本書から学ぶべきは、技術やアイデアそのものというよりも、その背後にあるドイツのエンジニアたちの設計哲学なのである。それは、フリッツ・レオンハルトやヨルク・シュライヒといった橋梁設計の巨匠によって蓄積されてきたのである。
―
日本の橋梁設計・施工技術が、世界トップレベルにあることに疑いを持つ人は少ないであろう。それにもかかわらず、技術と同程度に、実作で世界の賞賛と尊敬を集めているかと問えば、長大橋や一部の例外を除くと、答えは限りなく否に近いのかもしれない。

構造とデザインが分けて考えられないことは、本書で述べられているとおりである。例えば「景観検討」は、余分に加えられた設計業務の一つではない。橋梁設計において、エンジニアが内在的に持つべき検討項目の一つである。我々にいまだ欠けているのは、よい橋とは何か、そしてそれをどのようにして形にするのかという、エンジニアとしての強度を持った設計哲学ではないだろうか。

鉄道橋は、鉄道施設特有の制約条件や設計条件ゆえに、造形としての設計の自由度は、歩道橋などに比べれば随分と小さい。そのため、日本語の「デザイン」が喚起するイメージと鉄道橋とを結びつけて考えることは一見難しいように思える。しかし、エンジニアとしてのデザインとは、技術そのもの、そして技術開発であり、美観的な要素はそこに内在されるのである。この本が扱っているのは、そうした「エンジニアとしてのデザイン」である。コピーのためのネタではなく、地震のある国で、我々にしかできない橋をデザインするための気構えやヒントを、本書の中で見つけていただければ幸いである。
―
　専門的なドイツ語の解釈については、クリスチャン・ハーツ（Christian Hartz）をはじめとして多くのドイツ人の同僚・友人たちの助けを借りた。また、日本語への翻訳に際しては、鉄道総合技術研究所の斉藤雅充氏、ベルリン在住の西野幸重氏にご教授をいただいた。しかし誤りや不明瞭な点があれば、すべて訳者の責任である。ご教示を請いたい。なお、原書は下記にて公開されている。ご興味のある方はご参照いただきたい。

http://dib.schiele-schoen.de/a15206/Web_Info_Leitfaden_Brueckenbau.html
―
　原書は、24×28cmほどの不定形なサイズであったが、日本での印刷のコストパフォーマンスを考慮してB5サイズの変形判とした。鹿島出版会の担当の川嶋勝さんには企画の段階から助言をいただき、デザイナーの渡邉翔さんの手によって、あるいは原書以上に魅力的な日本語版に仕上がった。校正は中神直子さんと土屋沙希さんによる。厚く御礼を申し上げたい。

　最後に、この訳出を快諾してくださったヨルク・シュライヒ教授に心より感謝したい。日本の橋梁設計全体の質の向上に、本書がほんの少しでも貢献できたら幸いである。

2013年4月　増渕 基

Credits:
Jürgen Schmidt
Cover, p.15-9
DB AG, D. Schmidt
p.9-4b, 12-1, 14-6
DB AG, Jazbeck
p.9-1, 17-2+3, 20-1, 21-4+5, 69-3.2.2
DB AG, G. Wagner
p.21-3, 43-3
DB AG, Matthaei
p.9-4a
LAP／Leonhardt, Andrä und Partner
p.45-3.1.3+3.1.4
上記のほかは個人蔵

編者：
ドイツ鉄道（DB）
Deutsche Bahn AG
ドイツ最大の鉄道会社。旧東西ドイツ各国鉄の統合で1994年設立。ヨーロッパ有数の技術力と輸送力を持つ世界的企業。2007年に有識者を集めた橋梁の専門委員会を創設し、鉄道橋のデザインに力を入れている。本書はこの専門委員会の成果の一つである。

著者：
・ヨルク・シュライヒ
Jörg Schlaich
シュツットガルト大学名誉教授
1934年ドイツ生まれ。シュツットガルト大学、ベルリン工科大学などを卒業後、フリッツ・レオンハルトのもとで博士号取得。1980年に設計事務所 schlaich bergermann und partner を創設。主な設計にミュンヘン・オリンピックスタジアム、ソーラータワー、ケルハイムの歩道橋、ウンシュトルト高架橋など。IStructEゴールドメダルなど受賞多数。
・設計事務所
　schlaich bergermann und partner 所属
　トーマス・ファクラー
　Thomas Fackler
　マティアス・ヴァイスバッハ
　Matthias Weißbach
・設計事務所 SSF Ingenieure 所属
　ヴィクトル・シュミット
　Victor Schmitt
　クリスチャン・オメルト
　Christian Ommert
・Deutsche Bahn AG 所属
　シュテフェン・マルクス
　Steffen Marx
　ルドルフ・クロンタール
　Ludolf Krontal

訳者：
増渕 基
Motoi Masubuchi
橋梁・構造エンジニア。1979年鎌倉市生まれ。北海道大学、スウェーデンのチャルマース工科大学卒業後、ベルリン工科大学にてマイク・シュライヒのもとで博士号取得。2011年より schlaich bergermann und partner、2013年より設計事務所 Werner Sobek Stuttgart 勤務。

鉄道橋のデザインガイド
ドイツ鉄道の美の設計哲学

2013年5月20日　第1刷発行

訳者：
増渕 基

発行者：
鹿島光一

発行所：
鹿島出版会
〒104-0028
東京都中央区八重洲2-5-14
電話 03-6202-5200
振替 00160-2-180883

印刷：
壮光舎印刷

製本：
牧製本

デザイン：
渡邉 翔

© Motoi MASUBUCHI 2013,
Printed in Japan
ISBN 978-4-306-07301-2　C3052

落丁・乱丁本はお取り替えいたします。
本書の無断複製（コピー）は
著作権法上での例外を除き禁じられています。
また、代行業者等に依頼して
スキャンやデジタル化することは、
たとえ個人や家庭内の利用を
目的とする場合でも著作権法違反です。

本書の内容に関するご意見・ご感想は
下記までお寄せ下さい。
URL: http://www.kajima-publishing.co.jp/
e-mail: info@kajima-publishing.co.jp